全国高等学校计算机教育研究会"十四五"规划教材

全国高等学校
计算机教育研究会
"十四五"
系列教材

丛书主编 郑 莉

人工智能编程
（赋能C语言）

黄箐 廖云燕 曾锦山 邢振昌 / 编著

清华大学出版社
北京

内 容 简 介

本书以 C 语言为基础介绍人工智能赋能编程,帮助读者循序渐进地掌握人工智能赋能编程的方法,深入理解人工智能的原理。本书特色在于将 C 语言和人工智能赋能编程的原理相结合,通过 C 语言实现人工智能赋能编程的应用,帮助读者把人工智能赋能编程从理论落地到实践。

本书内容主要包括数据类型、运算符与表达式、程序基本控制结构、函数及其应用、数组及其应用、指针及其应用、结构体及其应用、文件与数据存储、人工智能辅助编程入门实战、人工智能辅助编程高阶实战,以及各类大赛和竞赛题的自动解答。

本书面向高校在校学生、机器学习爱好者、人工智能研究者和开发者,也可作为开发者实现人工智能赋能编程的有力工具。

图书在版编目(CIP)数据

人工智能编程:赋能 C 语言/黄箐等编著. —北京:清华大学出版社,2023.11

全国高等学校计算机教育研究会"十四五"系列教材

ISBN 978-7-302-64879-6

Ⅰ.①人… Ⅱ.①黄… Ⅲ.①人工智能－程序设计－高等学校－教材 ②C 语言－程序设计－高等学校－教材 Ⅳ.①TP18 ②TP312.8

中国国家版本馆 CIP 数据核字(2023)第 213245 号

责任编辑:郭　赛
封面设计:傅瑞学
责任校对:王勤勤
责任印制:刘海龙

出版发行:清华大学出版社
网　　　址:https://www.tup.com.cn,https://www.wqxuetang.com
地　　　址:北京清华大学学研大厦 A 座　　　邮　　编:100084
社 总 机:010-83470000　　　邮　　购:010-62786544
投稿与读者服务:010-62776969,c-service@tup.tsinghua.edu.cn
质量反馈:010-62772015,zhiliang@tup.tsinghua.edu.cn
课件下载:https://www.tup.com.cn,010-83470236
印 装 者:三河市龙大印装有限公司
经　　销:全国新华书店
开　　本:185mm×260mm　　印　张:13　　字　数:319 千字
版　　次:2023 年 11 月第 1 版　　印　次:2023 年 11 月第 1 次印刷
定　　价:46.00 元

产品编号:102215-01

PREFACE
序

　　作为一名一直从事计算机教育工作的同行,我非常高兴能够为本套人工智能编程丛书撰写序言。这套教材以赋能 C 语言、Java 语言和 Python 语言为基础,旨在为广大读者提供系统而全面的人工智能编程教材。

　　随着人工智能技术的迅速发展和广泛应用,人工智能编程已成为计算机领域不可或缺的重要组成部分。为了满足不同读者的需求,本套教材对内容和编程语言的选择均给予了充分的考虑。

　　教材分为四部分:入门之人工智能基础、入门之程序设计基础、高阶之竞赛和系统设计实战,以及作者团队研发的 AI 链无代码生产平台 Prompt Sapper 的简介。

　　第一部分为读者介绍编程环境和人工智能工具的安装和配置,通过对理论知识的讲解和实际案例的分析,使读者逐步建立对编程环境和人工智能工具的基本认知。

　　第二部分引导读者进入计算机编程的世界。无论读者选择学习 C 语言、Java 语言还是 Python 语言版的教材,都能循序渐进地学习编程语言的基础知识,了解程序的构建和设计思路,选择相关工具以编写简单实用的程序,并理解程序执行的流程和逻辑。

　　第三部分带领读者深入探索人工智能编程的应用场景和技术挑战。无论是参加 ICPC、蓝桥杯等竞赛,还是参与基于大型语言模型的编程学习与辅助系统实战项目,读者都可以从本套教材中学习到相关的算法设计、性能优化和系统设计的技巧。通过真实的竞赛试题和实践案例,读者将大幅提高自己的程序设计能力和问题解决能力。

　　第四部分特别介绍了作者团队的研发成果——AI 链无代码生产平台 Prompt Sapper。该平台旨在通过简单的拖曳操作和配置方式,使更多的人能够参与到人工智能应用的开发中,无须深入掌握复杂的编程技术,即可创造出高效且实用的人工智能解决方案。

　　无论读者是计算机专业程序设计类课程的学生,还是非计算机专业程序设计基础类课程的学生,阅读本套教材均能够获得丰富且实用的知识和技能。通过系统的学习和实践,读者将掌握人工智能编程的基本概念、技术和应用。总而言之,人工智能辅助编程的相关教材对于读者而言是很好的引导和助力,非常值得推广!

  我衷心希望这套教材能够激发读者对人工智能编程的兴趣,并为读者未来的学习和职业发展打下坚实的基础。

郑　莉

清华大学计算机科学与技术系教授

全国高等学校计算机教育研究会副理事长

FOREWORD

前言

　　党的二十大报告提出"实施科教兴国战略,强化现代化建设人才支撑"。深入实施人才强国战略,培养造就大批德才兼备的高素质人才,是国家和民族长远发展的大计。为贯彻落实党的二十大精神,筑牢政治思想之魂,编者在牢牢把握这个原则的基础上编写了本书。

　　人工智能作为当前热门的技术领域,为编程带来了许多新的思路和方法。C 语言是一种广泛应用于系统开发、嵌入式设备、游戏开发等领域的高级编程语言,掌握 C 语言编程对于计算机和非计算机专业的学生而言都是至关重要的。本书从 C 语言的基础知识开始讲解,包括变量、数据类型、运算符等;然后介绍如何使用 C 语言进行条件控制、循环结构和函数编写;最后讲解 C 语言的高级特性。本书结合人工智能的理论和实践,通过具体的示例和练习引导读者学习将人工智能技术应用于 C 语言编程的方法。

　　除了介绍人工智能辅助 C 语言的方法以外,本书还将介绍编程竞赛试题和作者团队研发的 AI 链无代码生产平台 Prompt Sapper,以及开发的小产品"码小猿"等高阶学习内容。通过实际案例和项目,本书将帮助读者更加系统地了解如何使用 C 语言编写程序。

　　本书作者黄箐、廖云燕和曾锦山来自江西师范大学,邢振昌来自澳大利亚 CSIRO's Data61。

　　感谢研究生张文潇和本科生钟晨、胡海森、张志杰、谢航、刘晨华、邓雅娇、尹国节和徐畅等同学在本书编写过程中做出的贡献。

　　希望本书能够帮助读者掌握 C 语言编程的基础知识,了解如何将人工智能技术应用于自己的编程项目。

　　尽管我们尽了最大的努力,但书中难免存在不妥之处,欢迎各界专家和读者朋友提出宝贵意见。如果读者在阅读过程中遇到困难,可以通过电子邮件与我们取得联系,请发送电子邮件至: qh@jxnu.edu.cn。

编者

2023 年 9 月

CONTENTS

目录

第 1 章

引　论

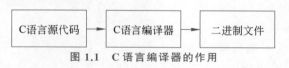

1.1　C 语言环境简介

在深入了解和编写 C 语言代码之前,首先需要熟悉 C 语言的开发环境。开发环境是指用于编写、调试和运行 C 语言程序的软件和工具,主要包括 C 语言编译器和开发工具。下面是对 C 语言开发环境的详细介绍。

1.1.1　C 语言编译器及其原理

1. C 语言编译器

C 语言编译器是一种软件,它就像翻译员一样,将用 C 语言写成的程序代码翻译成计算机能够理解的机器代码。机器代码是一种由二进制数字组成的指令序列,可以直接在计算机上执行(图 1.1)。也就是说,C 语言编译器可以将 C 语言程序翻译成计算机可以执行的指令。

```
C语言源代码  →  C语言编译器  →  二进制文件
```

图 1.1　C 语言编译器的作用

2. 常见的 C 语言编译器

常见的 C 语言编译器有 GCC(GNU Compiler Collection)、Clang(基于 LLVM 的编译器)和 MSVC(Microsoft Visual C++)等。这些编译器都有自己的特点和优势:GCC 是被广泛使用的自由软件编译器套件,具有强大的优化能力和广泛的平台支持;Clang 是基于 LLVM 项目的模块化编译器前端,注重良好的错误报告和诊断能力;MSVC 是 Microsoft Visual Studio 默认的 C 和 C++ 编译器,在 Windows 系统提供集成和调试能力。编译器的选择通常取决于项目要求、目标平台和个人偏好。本书推荐安装的 MinGW-w64 编译器为 GCC 的一个变种。它提供了完整的 GNU 工具链和与 Windows 系统的良好集成(Linux 或 macOS 系统自带编译器不需要安装),适用于 C 和 C++ 应用程序的开发。

3. C 语言编译器的工作原理

编译器的工作原理是先对程序员编写的 C 语言代码进行词法分析和语法分析,确保代码符合 C 语言的语法规则;然后编译器将代码转换为中间代码(一种类似于汇编语言的形式);最后将中间代码转换为机器代码。在这个过程中,编译器会检查代码中的错误,并通过连接生成可执行文件,以便在计算机上运行。图 1.2 所示为编译器的编译过程。

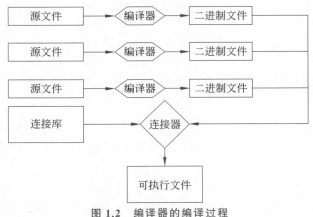

图 1.2　编译器的编译过程

1.1.2　C 语言文本编辑器

1. C 语言文本编辑器简介

C 语言文本编辑器是一种软件工具,用于编写 C 语言程序的**文本文件**。它提供的方便的界面和功能,可以进行编辑、保存和管理 C 语言代码等操作。与集成开发环境(IDE)相比,**文本编辑器本身不提供编译器**,而是需要下载相应的编译器并进行设置,这会使得编程有一定的门槛,但使用文本编辑器进行编程可以加深对程序设计的理解,有助于扩展编程视野,从而更好地接触 AI 编程。因此,本书经过慎重考虑,选择使用文本编辑器+编译器的组合,而不是集成开发环境。

使用 C 语言文本编辑器可以创建新的 C 语言源文件或打开已有的文件。记事本也是文本编辑器的一种,可以用于编写 C 语言的源文件,不过记事本并不适合编辑代码。专门用来编写代码的文本编辑器,通常提供**语法高亮**功能,可以将不同的代码元素以不同的颜色显示,使代码更易读;不仅如此,这类文本编辑器还支持**代码缩进**、**自动补全**和**括号匹配**等功能,这些功能可以大大提高编写代码的效率。

2. 常见的文本编辑器

常见的 C 语言文本编辑器如下。

Sublime Text:流行的文本编辑器,可在多个平台上使用,提供了丰富的插件生态系统,可以扩展编辑器的功能。

Notepad++:免费的开源文本编辑器,特别适合简单的代码编辑,支持多种编程语言,并具有许多实用的功能。

Visual Studio Code:跨平台的开发工具,具有强大的代码编辑和调试功能,支持丰富的插件生态系统,可以根据需求进行扩展。

Vim 和 Emacs:两个非常强大的文本编辑器,广泛为程序员所用,提供了许多高级编辑功能和订制选项,初学者可能需要一些时间来适应。

不同的文本编辑器有不同的特性,这里只需要了解即可。

1.1.3　C 语言环境的搭建

经过对 C 语言编译器和 C 语言文本编辑器的初步了解,下面简单介绍如何搭建 C 语言的开发环境。在开始编写和运行 C 语言程序之前,需要确保正确配置了编译器和文本编辑器,可以参照以下步骤。

- 安装 Visual Studio Code(文本编辑器,后文简称 VS Code)。
- 安装 MinGW-w64 编译器并按照安装向导的指示进行配置。
- 安装完成后,在 VS Code 中安装 C/C++ 扩展并设置编译器路径为 MinGW-w64 的可执行文件路径。接下来,在 VS Code 中编写 C 语言代码并保存文件,使用 VS Code 的终端运行编译器命令,将源文件编译为可执行文件。
- 在 VS Code 中打开终端并运行生成的可执行文件,测试程序的运行。这样就能在便捷的开发环境下进行 C 语言编程、编辑代码、编译运行程序并进行测试。记得保存代码并随时编译和运行,以观察和验证程序的行为。

安装 VS Code 和安装 MinGW-w64 的顺序不分先后。下一节将详细介绍如何搭建 C 语言的开发环境。

◈ 1.2　搭建 C 语言的开发环境

1.2.1　安装 VS Code

在计算机上安装 VS Code,可以访问 VS Code 的官方网站进行下载(https://code.visualstudio.com/)。VS Code 支持 Windows、Linux 和 macOS 操作系统,用户需要选择对应的系统进行下载,选择不兼容的版本会导致 VS Code 运行错误。

运行下载好的文件,根据提示进行安装,默认路径是安装到 C 盘,也可以选择安装到其他路径。在运行到"选择附加任务"时,选择"附加快捷方式"为"创建桌面快捷方式";在"其他"附加任务下勾选第一、第二和第四个选项。第一、第二个选项是将 VS Code 添加到快捷菜单栏,第三个选项是将 VS Code 设置为受支持的启动方式,也就是单击文件就可以打开(考虑到读者可能使用多种编程软件,这个选项不勾选),第四个选项用来将 VS Code 添加到环境变量中(图 1.3)。

1.2.2　安装 VS Code 扩展

安装 VS Code 扩展的优势在于增强编辑器功能、提高开发效率、个性化订制,并享受跨平台支持和社区支持。通过安装适合自己的扩展,可以获得语法高亮、代码提示、调试支持等功能,以提高编码效率。此外,VS Code 的扩展生态系统庞大且活跃,提供了各种插件和订制选项,让开发者能够根据自己的需求和偏好打造舒适且高效的开发环境。这里需要安装 4 个扩展,读者也可以根据自己的需求下载不同的插件,例如在 VS Code 上添加炫酷的编程界面或者编写其他格式的文件等。下面将以安装第一个扩展为例,介绍如何安装扩展。首先打开安装完成的 VS Code 界面,然后单击左侧的扩展视图图标(或按 Ctrl＋Shift＋X 组合键),并在搜索框中输入 Chinese(图 1.4)。之后单击"安装"按钮便可以进行安装。按照

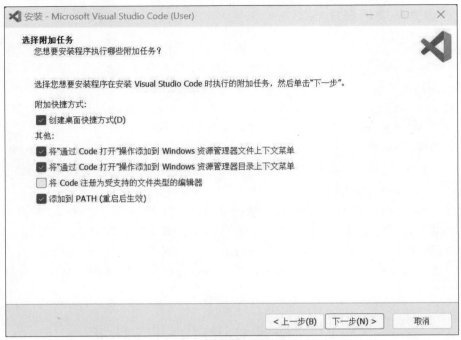

图 1.3   选择附加任务

同样的方法，可对其余扩展进行安装。

图 1.4   安装扩展插件

在搜索框中输入 C/C++，选择 C/C++ 和 C/C++ Extension Pack 进行安装。然后搜索 Code Runner，选择 Code Runner 进行安装（图 1.5～图 1.7）。

图 1.5　C/C++ 图标

图 1.6　C/C++ Themes 图标

图 1.7　Code Runner 图标

1.2.3　配置 C 语言编译器

在 VS Code 中,编写 C 语言代码需要 C 语言编译器。对于 Linux 或者 macOS 系统,其自带 C 语言编译器,不需要额外下载。这里以 Windows 系统为例,进行 C 语言编译器的配置操作。

首先,进入 **MinGW-w64** 下载网址 https://sourceforge.net/projects/mingw-w64/files/。

进入界面后,找到 x86_64-win32-seh 并单击即可下载(需要等待 5 秒,图 1.8)。

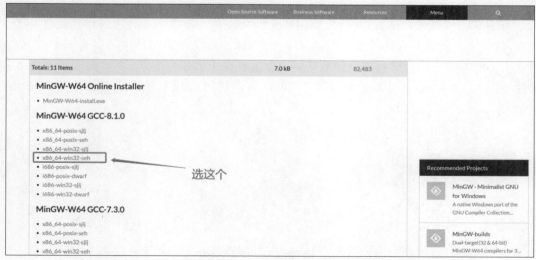

图 1.8　x86_64-win32-seh 的位置

　　然后打开下载的压缩文件将其解压缩，并复制 minwg64 文件夹到 C 盘的 Program Files 文件夹中（其他地方也可以，但不能有中文路径）。接着打开 minwg64 文件，复制 bin 文件夹的地址。如果选择 Program Files 文件夹，地址为 C：\Program Files\mingw64\bin，然后在 Windows 的搜索框中搜索"环境变量"，选择"编辑账户的环境变量"选项（图 1.9）。

图 1.9　搜索"环境变量"

　　最后双击选择 Path，在弹出的界面中单击"新建"按钮，将复制的地址输入进去（记得要去掉双引号）就配置完成了。打开 cmd 窗口输入 **gcc　--version**（中间有一个空格），如果跳出版本号就表示成功了，即可进行下一步操作了。

1.2.4　创建编译和调试配置

　　为了编译和调试 C 语言程序，需要创建一个文件夹。选择一个合适的位置创建一个文件夹，这个文件夹就是程序的总文件夹。需要注意的是，**文件夹路径中不能含有中文**，这是因为中文的编码方式会导致路径读取错误。在文件夹中创建一个以 c 为扩展名的 **C 语言源文件**。使用 VS Code 打开这个源文件，就可以输入代码进行编程了。下面是一个简单的示例。

```
#include<stdio.h>
int main()
{
  printf("我的第一个 C 语言程序\n");
  return 0;
}
```

　　完成代码编写后，按 **Ctrl＋S** 组合键保存，再选择 **Run Code**（运行代码），VS Code 会在控制台打印"我的第一个 C 语言程序"（图 1.10）。

　　程序运行结果如图 1.11 所示。

图 1.10　选择 Run Code

我的第一个C语言程序

[Done] exited with code=0 in 0.764 seconds

图 1.11　编译成功

这样，一个 C 语言程序就编译好了。

运行时之所以需要选择 Run Code 运行，是因为这样 VS Code 会创建其他所需的工程文件，可以省去一些较为烦琐的步骤，读者可以自行了解。

◆ 1.3　AI 工具的安装

1.3.1　注册 GitHub 账号

注册条件：一个个人邮箱（建议使用学校的官方邮箱，以便后续申请 GitHub 的学生认证）。

进入 GitHub 的官方网站 https://github.com/。

注：如果无法打开网页，可以使用代码服务器或者 VPN。

进入官方网站后，单击右上角的 Sign in 按钮进行注册，然后输入邮箱、密码、账号名字，并且完成真人验证，之后使用注册邮箱收取验证码，最后填写信息即可完成注册。

1.3.2　GitHub 学生认证

下面介绍使用学校的官方邮箱对 GitHub 账号进行学生认证的过程。

进入学生认证官方网站（https://education.github.com/pack/），然后单击 Sign up for Student Developer Pack 按钮（图 1.12）开始学生认证。

使用教育邮箱会自动出现学校信息与邮箱信息，如图 1.13 所示。

对于图 1.13 中的 How do you plan to use GitHub 文本框，可以自行在网上搜索一篇小作文，或者利用工具自己写，注意应使用英文。填写完成后，上传自己的学生证照片或者其他学籍证明（图 1.14）。

这里有两种方式，分别是使用计算机自带的相机进行拍摄和从设备上传照片。如果选择使用计算机自带的相机进行拍摄，则单击 Take a picture 按钮进行拍摄；如果选择上传照片，则可以拖曳文件到相机的位置（图 1.15）。

图 1.12　学生认证官方网站

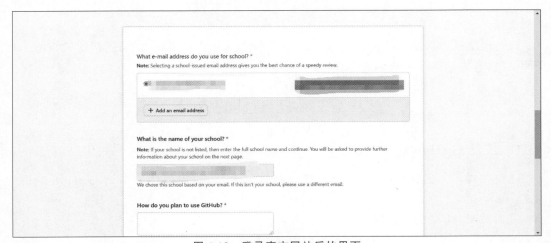

图 1.13　登录官方网站后的界面

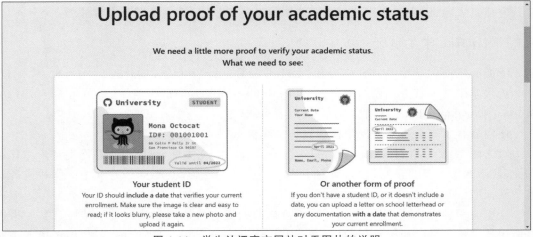

图 1.14　学生认证官方网站对于图片的说明

注意：图片中的中文需要译成英文，同时配上原始的图片附图，将两张图片合并上传。

如果出现图 1.16 所示界面，则说明上传成功，然后只需要等待 GitHub 的回复即可。

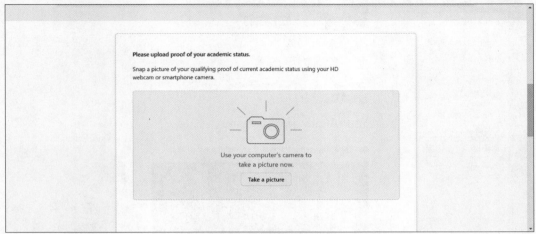

图 1.15　学生认证官方网站上传图片的位置

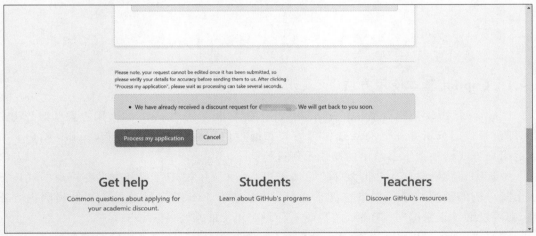

图 1.16　学生认证信息上传成功后的界面

1.3.3　在 VS Code 中安装 Copilot 教程

打开 VS Code，单击左下角的齿轮图标进入菜单，然后单击扩展安装插件，在扩展界面中搜索 Copilot 并单击"安装"按钮，然后登录学生认证之后的账号或者购买的 Copilot 账号（图 1.17）。

Copilot
的安装

图 1.17　Copilot 的图标

◇ 1.4　AI 工具入门方法

1.4.1　Copilot 基本使用方法

　　Copilot 是微软公司在 Windows 11 中加入的 AI 助手。Copilot 的使用方式一般分为两种，即进行代码分析并补全的基础使用方式和通过使用注释命令或引导 Copilot 给出。具体的引导方式请根据本书给出的操作示例进行。

　　常规编写代码时，Copilot 会自动对代码进行分析，并在其后方用透明度较高的代码显示出其分析的预测结果。如果选择采用，可以通过按 Tab 键完成选择。如果预测内容不对，则可以继续正常编写，其显示的代码不会影响正常的编写（图 1.18）。

　　编写代码时，可以输入"//"加上给 Copilot 的指令，Copilot 会根据所给的指令进行相应的反馈（图 1.19）。查看 Copilot 反馈的方法是按 Enter 键，并等待 Copilot 显示结果。如果没有显示，可以尝试多按一两次。Copilot 给出的代码严格遵守代码缩进规则。

```
#include <stdio.h>
int main()
{
    printf ("Hello World!\n");
```
Copilot补充

图 1.18　Copilot 的代码补充

```
//编写Hello World程序
#include <stdio.h>
int main()
{
    printf("Hello World!\n");
    return 0;
}
```

图 1.19　Copilot 的指令反馈

　　可以给出指令将问题描述得详细一些，从而让 Copilot 给出应答，Copilot 更多的是对代码的补全与分析,所以目前与 Copilot 聊天获取结果的功能不如代码补全的功能。

1.4.2 ChatGPT 基本使用方法

ChatGPT 是一款由 OpenAI 公司开发的大型语言模型,主要用于回答用户的问题和完成各种语言任务,如对话生成、文本摘要、翻译、文本生成等;其经过了先进的深度学习技术和海量的语言数据的训练,可以在各种语言领域提供高质量的语言处理服务。和 ChatGPT 聊天的过程本质上是大型语言模型的使用过程。

在正式使用 ChatGPT 之前,读者需要确保有一个合规的 OpenAI 账号,具体的注册流程本书不做讲解与教学,请读者自行搜寻相关注册流程的教学。

ChatGPT 的使用方法包括:正常使用 OpenAI 官方网页端的 ChatGPT 或编写程序调用 OpenAI API 以获取其 ChatGPT 服务。本书只提供官方网页端的使用方法,该方法对于下面所提到的两种基本的使用方式均适用。

根据官方提供的使用方式,人类用户向大型语言模型提供的指令称为 Prompt,本书统一称之为"提示文本",但不代表本书对 Prompt 进行了严格定义。提示文本是一种作为大型语言模型运行的指令内容,但其本身与指令性的文本略有区别,提示文本允许人类用户使用更灵活多变的语言推动大型语言模型的运行。

在 ChatGPT 的聊天界面中,人类用户需要在输入需求之后才能获取 ChatGPT 的答复,这个过程就是交互过程,人类用户输入的内容归为一类提示文本,其在交予大型语言模型运行时被一并视为提示文本。

如图 1.20 所示,一个交互过程包括人类用户给出提示文本和 ChatGPT 作出答复。

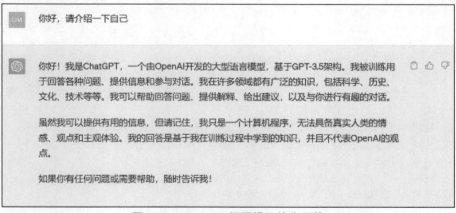

图 1.20 ChatGPT 根据提示给出回答

由于提示文本有极高的灵活性,所以可以通过无数种方式引导 ChatGPT 给出用户想要的回答。本书将给出两种使用提示文本的基本方式,笔者鼓励各位读者大胆开拓出更好的方法以给出提示文本并使用 ChatGPT。

① 直接提出需求。这种方式是最简单的使用方式,人类用户可以随意给出提示文本,可以更自由地使用聊天的方式与 ChatGPT 进行交互。

图 1.21 所示为使用聊天的方式与 ChatGPT 进行交互的过程。

② 使用限制文本与提示文本相结合的方式进行交互。由于 ChatGPT 允许用户在一定

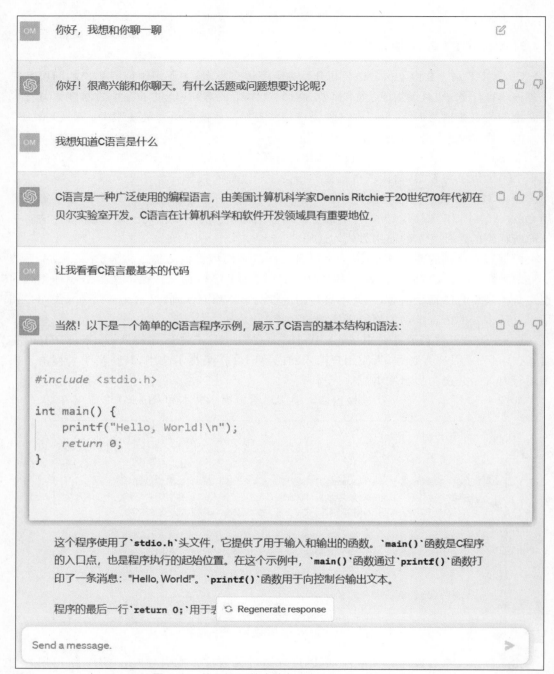

图 1.21   使用聊天的方式与 ChatGPT 交互的过程

范围内限制其输出内容，所以另一种较为高级的给出提示文本的方式，就是在提示文本之前添加适当的限制文本以限制 ChatGPT 的输出。

图 1.22 所示为使用限制文本与提示文本相结合的方式与 ChatGPT 进行交互的过程。

以上是两种基本的 ChatGPT 的使用方式。当然，AI 带来的可能性是无限的，笔者在此鼓励读者采用更好的方式使用 ChatGPT，并从中获益。

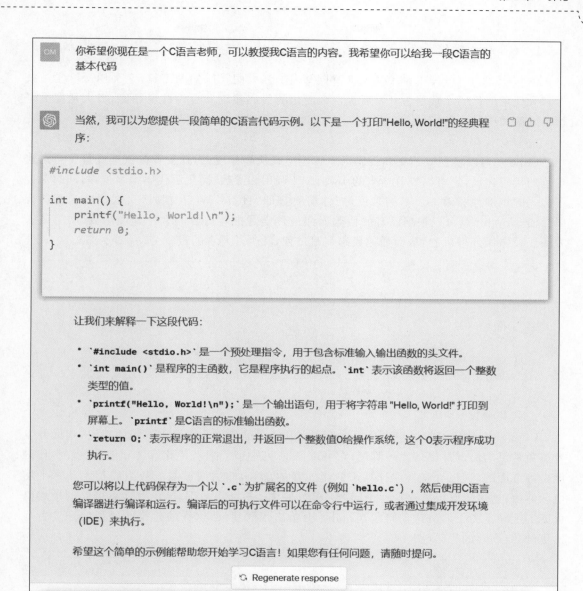

图 1.22 使用限制文本与提示文本相结合的方式与 ChatGPT 交互的过程

◈ 1.5 AI 工具的功能介绍

随着人工智能技术的迅猛发展,AI 工具正在逐渐改变人们的生活方式和工作方式。其中,Copilot 和 ChatGPT 是备受瞩目的两款 AI 工具。Copilot 是一款代码辅助工具,能够基于 GitHub 上的代码库提供智能化的代码建议和自动补全功能。而 ChatGPT 是一个大型语言模型,可以理解和生成自然语言文本。本章将介绍 Copilot 和 ChatGPT 的功能与优势,以及它们在写作过程中的应用。

1.5.1 Copilot 功能介绍

Copilot 是由 GitHub 和 OpenAI 共同开发的强大的代码辅助工具,它利用深度学习技术和大规模的代码库数据为开发者提供智能化的代码建议和自动补全功能,极大地提高了编码效率和质量。

1. 智能代码补全

Copilot 可以根据上下文和代码语义智能生成代码片段,为开发者提供准确且符合语法规范的代码建议,它可以推荐适当的函数、API 调用和参数,简化了代码编写过程,同时保证了代码的正确性和效率。举例来说,当你需要打印"Hello,World!"时,只需要输入相关代码片段,Copilot 就可以根据已有的代码库和最佳实践推荐适合的文件处理函数、网络请求方法以及错误处理机制,从而加速代码编写过程,减少开发者的重复劳动(图 1.23)。

```
1    #include <stdio.h>
2    #include <stdlib.h>
3    #include<string.h>
4    int main(){
5        //在这里补充代码, 可以打印出"Hello World!"
6        printf("Hello World!\n");          ← Copilot自动生成
7        return
8    }
9    |
```

图 1.23　Copilot 的智能代码补全功能

2. 代码建议

Copilot 在代码编辑过程中会根据上下文和常见的最佳实践给出有用的建议,帮助开发者避免常见的错误并提高代码质量;它可以提供改进代码结构、优化算法和使用更好的代码风格等方面的建议。例如,你计算了数组元素的总和,然后通过除以数组的长度计算平均值。然而,这段代码可能存在一个问题:整数除法会截断小数部分,导致计算得到的平均值可能不准确。为了解决这个问题,Copilot 会给出代码建议,这样的建议能够帮助开发者写出更健壮、高效的代码(图 1.24)。

```
1    #include <stdio.h>
2
3    double calculateAverage(int array[], int length) {
4        int sum=0;
5        for (int i = 0; i < length; i++) {
6            sum += array[i];
7        }
8        double average = sum / length;//1.0 * sum / length;    ← Copilot自动给出代码建议
9        return average;
10   }
11
```

图 1.24　Copilot 的代码建议

3. 多语言支持

Copilot 支持多种编程语言,包括 C、C++、Python、JavaScript、Go、Ruby、Java 等,适用于不同领域的开发者,为他们提供全方位的辅助功能。无论是嵌入式开发、系统编程,还是应用程序开发,Copilot 都能为开发者提供有效的支持。举例来说,当编写 C 语言代码时,Copilot 可以根据 C 语言的语法和惯例提供与特定任务相关的代码建议,而当切换到

JavaScript 时,Copilot 将自动调整其建议,以适应 JavaScript 的语法和常用函数。

图 1.25 中定义了一个 main 函数,声明了两个整型变量 num1 和 num2 并计算它们的和,将结果存储在 sum 变量中,然后使用 printf 函数将结果打印到控制台。

```
1    #include <stdio.h>
2
3    int main(){
4        int num1 = 10;
5        int num2 = 20;
6        int sum = num1 + num2;
7
8        printf("The sum is: %d\n", sum);
9
10       return 0;
11   }
```

图 1.25　Copilot 的多语言支持(C 语言)

在编写这段 C 语言代码时,Copilot 可以根据 C 语言的语法和惯例提供相关的代码建议。例如,当输入 ♯ incl 后,Copilot 可能会自动将其补全为 ♯ include;当输入 pri 后,Copilot 可能会提示常用的输出函数 printf。

图 1.26 中定义了一个名为 calculateAverage 的函数,它接收两个参数 num1 和 num2 并返回它们的平均值,然后调用这个函数,并将结果打印到控制台。

```
1    //假设你想编写一个 JavaScript 函数来计算两数字的平均值:
2    function calculateAverage(num1, num2){
3        return (num1 + num2) / 2;
4    }
5
6    const result = calculateAverage(10,20);
7    console.log(result);
```

图 1.26　Copilot 的多语言支持(JavaScript)

在编写这段 JavaScript 代码时,Copilot 会根据 JavaScript 的语法和惯例提供相关的代码建议。例如,当输入 fun 后,Copilot 可能会自动将其补全为 function;当输入 console 后,Copilot 可能会提示常用的控制台方法。

1.5.2　ChatGPT 功能介绍

ChatGPT 是基于 GPT-3.5 架构的强大的语言模型,具备卓越的自然语言处理能力,它在文本理解与生成、知识提供与问答以及内容创作辅助方面发挥着重要作用。

1. 文本理解与生成

ChatGPT 能够准确理解用户的输入并生成自然流畅的文本回复。它通过对输入文本的语义和上下文进行深入分析理解用户的意图、问题或表达,并生成与之相应的回复。这种能力使得 ChatGPT 在对话交互、提供意见和表达情感方面可以表现出与人类类似的回应能力(图 1.27)。

2. 知识提供与问答

ChatGPT 拥有广泛的知识,并可以回答用户提出的问题。它可以提供关于历史事件、

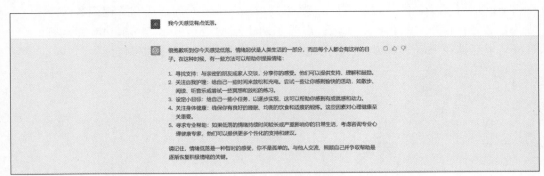

图 1.27   ChatGPT 的文本理解与生成

科学知识、文化背景等方面的信息。ChatGPT 通过综合和理解大量的文本数据积累了丰富的知识,并能够基于这些知识为用户提供准确的答案和相关信息(图 1.28)。

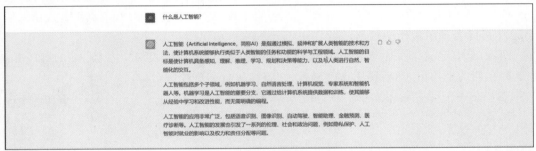

图 1.28   ChatGPT 的知识提供与回答

3. 内容创作辅助

ChatGPT 可以在内容创作过程中提供创意和灵感。通过与 ChatGPT 进行对话,作者可以向其提出关于构思、角色设定、情节发展以及对话内容等方面的问题,并获得有益的建议和启发。ChatGPT 的广泛知识和语言生成能力使其成为一个有用的工具,可以为作者提供多样的创作思路,并激发他们的创造力(图 1.29)。

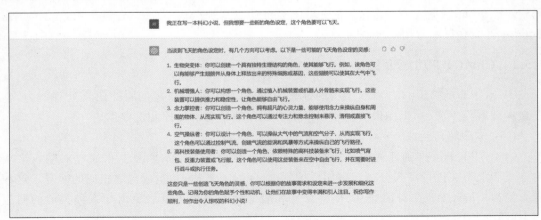

图 1.29   ChatGPT 的内容创作辅助

4. 翻译和语言转换

ChatGPT 具备文本翻译和语言转换能力。它可以帮助用户将一种语言翻译成另一种语言，从而促进跨语言之间的沟通和理解。ChatGPT 支持多种语言之间的翻译，并可以处理各种语言对的转换需求(图 1.30)。

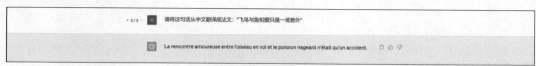

图 1.30　ChatGPT 的翻译和语言转换

5. 文章生成和概述

ChatGPT 可以根据输入的主题或内容生成文章或段落，并提供相关的概述。它可以对用户提供的信息或主题进行整合和组织，并生成连贯、有逻辑的文章或段落。这对于写作、总结或对特定主题进行了解非常有帮助。

6. 语法纠错和编辑建议

ChatGPT 具备语法纠错和编辑建议的功能。它能够检测文本中的语法错误、拼写错误和表达问题，并给出相应的纠正建议。ChatGPT 还可以提供编辑建议，帮助用户改进文本的清晰度、逻辑性和可读性(图 1.31)。

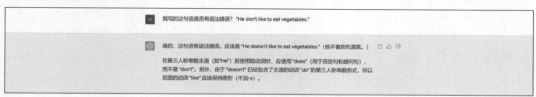

图 1.31　ChatGPT 的语言纠错和编辑建议

7. 情感分析和情绪生成

ChatGPT 具备情感分析和情绪生成能力。它可以识别文本中的情感和情绪，并生成与之相应的回复。这使得 ChatGPT 可以模拟不同角色的情感或情绪交流，为创作、角色塑造或情景设定提供更丰富的表现可能性(图 1.32)。

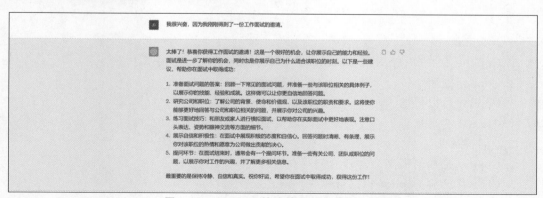

图 1.32　ChatGPT 的感情分析和情绪生成

通过 Copilot 和 ChatGPT 这两个强大的 AI 工具，可以看到人工智能技术对于编码和自然语言处理的重要贡献。它们的智能化功能和广泛的应用领域将继续推动科技和人类社会的发展。无论是编写代码还是创作文本，Copilot 和 ChatGPT 都能为开发者和作者提供有力的支持，提升他们的效率、质量和创造力。

◆ 本 章 小 结

本章介绍了 Copilot 和 ChatGPT 这两个重要的人工智能工具。Copilot 是 GitHub 与 OpenAI 合作开发的代码助手，它使用了强大的语言模型技术，能够生成代码片段、函数和整个程序的建议，大大提高了开发者的编写效率。Copilot 通过学习大量的开源代码进行训练，可以根据上下文和输入快速生成合理的代码建议，并与开发者进行实时交互。

ChatGPT 是由 OpenAI 开发的一个基于 GPT-3.5 架构的语言模型，它能够理解和生成自然语言，可以用于多种任务，如对话系统、文本生成和问题回答。ChatGPT 通过大规模的预训练和微调获得理解和生成语言的能力，它可以应对各种语言风格和话题，并具有一定的上下文感知能力，能够进行连贯的对话。

本章介绍了 Copilot 和 ChatGPT 的工作原理和应用场景。Copilot 可以在编写代码时提供实时的建议和辅助，帮助开发者提高编码速度和质量，它可以适应不同的编程语言和编码风格，并通过与开发者的交互不断改进自身的建议能力。ChatGPT 则适用于各种对话和文本生成任务，可以用于客户服务、问答系统、写作助手等，它的生成能力可以通过调整参数进行控制，以获得不同的风格和表达方式。

然而，这些人工智能工具也存在一些挑战和限制。Copilot 虽然可以提供代码建议，但并非总是能生成完美的代码，开发者仍然需要进行审查和修改。ChatGPT 在对话过程中可能会出现理解错误或不准确的回答，需要谨慎使用和监督。

总体而言，Copilot 和 ChatGPT 为开发者和用户提供了强大的语言处理能力，帮助他们提高了工作效率和创造力。随着技术的进步和模型的改进，这些工具将在各个领域发挥更大的作用，为人们带来更多便利和创新。

◆ 课 后 习 题

一、填空题

1. Copilot 是由 GitHub 与 OpenAI 合作开发的_____助手。

2. Copilot 使用_____技术生成代码建议。

3. Copilot 可以根据_____生成合理的代码建议。

4. ChatGPT 是基于_____架构的语言模型。

二、问答题

1. Copilot 是如何提高开发者的编写效率的？

2. ChatGPT 与 Copilot 相比有哪些不同之处？

3. Copilot 和 ChatGPT 存在哪些限制和挑战？

4. ChatGPT 可以用于哪些任务？

第2章 数据类型、运算符与表达式

正式开始本章的教学之前,首先通过一个例子辅助读者学习并理解本章的内容。众所周知,大部分企业都有采购部门。采购部门负责企业所需物品的信息采集与选取,并进行下单购买,在这个过程中经常会涉及物品信息的管理。描述一个物品会用到多个角度的形容词或表达信息的词语,例如描述一个立方体,人们通常会从长宽高的数值、体积的大小以及颜色等相关信息的角度入手。如图 2.1 所示,购买的各类办公用品有多种描述其信息的角度。

图 2.1　办公用品分类

同样,在 C 语言程序中,每种数据都有其特定的数据类型,就像进行采购活动一样,只有当所描述的物品信息与需要的物品相符时,才能对物品进行正常的采购活动。C 语言程序也是一样,想让一段代码正常地编译运行,首先要确保相关的数据符合其所需的数据类型。

在计算机编程中,数据类型、运算符与表达式是基本概念。数据类型指变量存储的数据类型,不同的数据类型在计算机内部使用的存储空间和表示方式不同;运算符则用于操作不同数据类型之间的运算,包括算术运算、逻辑运算等;而表达式则是由运算符和操作数组成的计算公式,每个表达式都可以返回一个结果。

理解和掌握这些基本概念是进行程序设计的前提。本章将着重讲解相关理论知识,以便读者能更深入地理解数据类型、运算符、表达式,以及其之间的关系。

◆ 2.1　C 语言程序的基本结构

C 语言程序的基本结构由预处理器指令、全局变量、函数及其局部变量等构成。

① 预处理器指令。预处理器指令位于源代码开头,使用"♯"开头,它们对源代码进行一些宏处理和文件操作等预处理操作。例如,♯include 指示还有其他文件需要包含在当前文件中;♯define 定义一个常量或函数宏等。

② **全局变量**。全局变量定义在函数外部，作用域为整个程序，可以被程序中的所有函数访问。全局变量在程序运行期间始终存在，用来保存程序执行过程中需要跟踪的信息，如计数器、文件名等。

③ **函数**。函数用于实现程序的算法逻辑，是 C 语言程序的核心，由函数名、参数列表、函数体三部分组成。函数名即函数的标识；参数列表确定调用函数时需要传入的数据并定义本地变量；函数体则是函数的具体实现，包括各种语句及控制流程语句。

④ **局部变量**。局部变量定义在函数内部，作用域仅在其所在的函数内。与全局变量不同，局部变量的生存期限仅限于函数执行的时间段内，用于在函数中暂存数据，如中间结果、循环计数器等。

C 语言程序的基本结构的写法并不固定，但为了保证程序的可读性，通常要遵循一些基本规范。例如，按照预处理器指令、全局变量、函数的顺序编写主要代码部分和使用注释对代码进行说明等。另外，需要注意的是，在 C 语言中，程序必须包含一个 main 函数，其作为程序执行的入口点。由于 C 语言比较灵活，在具体的实现过程中可以根据个人习惯或项目需求进行适当调整。

下面以基本的 C 语言代码为例展示 C 语言程序的基本结构和一些常见的语法。

```
#include <stdio.h>

int global_var = 10;                      /* 定义全局变量 */

int main()
{
    int local_var = 20;                   /* 定义局部变量 */

    printf("Hello, World!\n");
    printf("global_var = %d\n", global_var);
    printf("local_var = %d\n", local_var);

    return 0;
}
```

这段代码可以输出"Hello，World!"以及 global_var 和 local_var 的值。

其中，#include <stdio.h> 是一个预处理器指令，用于包含标准输入/输出头文件。global_var 是一个全局变量，它的初始值为 10，在 main 函数外定义。local_var 是一个局部变量，只能在 main 函数内部使用，它的初始值为 20。main 函数通过 printf 函数输出结果，并将 0 返回给操作系统，表示程序顺利执行完毕。

需要注意的是，C 语言对变量、函数等有着强类型检查的要求，因此需要明确定义变量的数据类型，例如 int 表示整数类型。另外，也要记得使用分号结束每条语句。

这段 C 语言代码展示了一般 C 语言程序中涉及的预处理器指令、函数、变量声明、注释等内容，以下便是对其的深入讲解。

① **预处理器指令**。预处理器指令是以"#"开头的一些命令，用于在编译前对源代码进行一些替换和操作。常见的指令包括头文件（包含指令#include、宏定义指令#define、条件编译指令#if/#ifdef/#ifndef/#else/#endif 等）。下面是一个示例。

```
#include <stdio.h>

#define PI 3.1415926

int main()
{
    printf("PI is %f\n", PI);
    return 0;
}
```

上述程序中，#include 命令包含 stdio.h 头文件，通过 #define 指令宏定义了常量 PI，在后续代码中便可以直接使用。这些命令必须放在程序开头。

② 函数。函数是 C 语言中的关键组成部分，它可被单独调用或被其他函数调用。函数有一个名称、参数列表和一个块体（多个语句组成的函数体）。下面是一个简单的函数示例。

```
double max(double num1, double num2)     //函数头
{                                        //函数体开始
    if (num1 > num2)
        return num1;
    else
        return num2;
}                                        //函数体结束
```

函数的声明在 main 函数之前。在函数定义中，习惯用花括号（{ }）括住函数体，指定返回类型、参数列表和函数名称以声明该函数。下面是一个示例。

```
double max(double num1, double num2);    //函数声明

int main()
{
    double a = 2.7, b = 3.5, m;
    m = max(a, b);
    printf("max is %lf\n", m);
    return 0;
}

double max(double num1, double num2)     //函数定义
{
    if (num1 > num2)
        return num1;
    else
        return num2;
}
```

在定义及调用函数时，变量名可以不同，但数据类型必须相同。函数声明仅告诉编译器函数名称及如何调用函数，而函数定义设置了实际功能。

③ **变量声明**。当在 C 语言程序中声明一个变量时，可以使用以下格式：

```
<类型说明符> <变量名称>;
```

其中，类型说明符是指要声明的变量的数据类型；变量名称是给这个变量取一个有意义的名字，在程序中可以引用这个变量。

例如，下面的代码定义了一个整型变量 age 和一个字符型变量 sex，并且为它们分别赋初始值。

```
int age = 20;                        //整型变量 age,初始值为 20
char sex = 'M';                      //字符型变量 sex,初始值为 'M'
```

需要注意的是，C 语言采用强类型检查机制，必须在声明变量时明确指定其类型，否则编译时会报错。另外，在同一作用域内不能重复声明同名变量。

除了简单的变量声明外，C 语言还支持数组、结构体、联合体等一系列复杂数据类型的声明和使用。但无论是什么类型，都需要通过声明告诉编译器如何解析和管理这些数据。

④ **注释**。在 C 语言中，注释用于解释代码的功能、目的以及作者等信息，这对于代码的维护和阅读非常有帮助。C 语言提供了两种注释方式：单行注释和多行注释。

单行注释使用双斜线（//）开头，表示这一行之后的内容都是注释。例如：

```
int a = 10;                          //定义整型变量 a,并赋初始值为 10
```

上述代码中，双斜线后面的文字"定义整型变量 a，并赋初始值为 10"就是单行注释。

多行注释使用"/ * "和" * /"包围起来表示，它可以注释一段代码或一整个函数等较长的内容。例如：

```
/*
 * 函数名称:calculate
 * 功能描述:计算两个数的和并返回结果
 * 参数列表:x —— 第一个加数
 *          y —— 第二个加数
 * 返回值:   两个数的和
 */
int calculate(int x, int y)
{
    return x + y;
}
```

上述代码中，多行注释用来注释 calculate 函数的各种信息，便于程序员理解和维护代码。需要注意的是，在多行注释中，可以使用多行的方式对注释进行排版，格式更美观，也更易于阅读。

◆ 2.2　C 语言程序中的常用符号

本节将列出 C 语言程序中的常用符号,供读者可以学习与了解相关符号的功能。

① 标识符。标识符是用来给变量、函数等命名的字符串,标识符必须满足命名规则和规范,并且不能使用关键字作为标识符。例如,foo、bar、MAX_SIZE 等都是标识符。

② 关键字。关键字是 C 语言中预定义的特殊单词,具有特定含义,在程序中用于表示某些操作或数据类型等。例如,if、while、int 等都是关键字。

③ 运算符。运算符用于对操作数进行运算,分为算术运算符、关系运算符、逻辑运算符、位运算符等。例如:＋、－、＊、/、＝＝、＆＆、|、～等都是运算符。

④ 数据。数据用于表示程序中的信息,包括整型、浮点型、字符型、指针、数组等。例如,int、float、char、void、int ＊ 等都是数据类型。

⑤ 分隔符。分隔符用于标记程序中各种语法结构之间的边界。例如,用花括号({})表示代码块,用逗号(,)分隔函数参数等。{、}、,、;等都是分隔符。

⑥ 其他符号。C 语言中还有一些其他常见的符号。例如,单引号、双引号、注释符等都是其他符号。

不同类型的符号具有不同的作用和使用方式,理解和掌握这些符号对于编写高质量的程序非常重要。

◆ 2.3　C 语言程序的基本数据类型

本节将列出 C 语言程序中的各类数据类型,供读者学习与了解相关数据类型的特征。

① 整型(int)。用于存储整数类型的数据,包括负数和正数。一般情况下为有符号整型,即第一个二进制位表示正或负数,0 表示正数,1 表示负数。C 语言中还定义了无符号整型(unsigned int),它只能存储正整数,因此可以表示更大范围的整数,但无法表示负整数。

② 字符型(char)。用于表示单个字符,包括字母、数字、标点符号等,并且在 C 语言中通过 ASCII 码进行编码与解码。除了 ASCII 码表中的字符外,C 语言还提供了一些特殊字符,如以"\"开头的"\n"表示换行,"\t"表示制表符等。

③ 浮点型(float、double)。用于存储浮点数(小数),其中,float 和 double 是两种不同的精度级别,double 的精度比 float 更高。由于计算机中使用二进制表示小数,因此在表示某些十进制小数时可能会存在误差。

④ 空类型(void)。不能声明 void 类型的变量,只能用于函数参数列表和返回类型,表示函数没有返回值或参数不确定。

⑤ 布尔型(bool)。布尔型数据只能取两种值,即 true 和 false,用于表示逻辑真假值。在 C99 标准之前,C 语言中没有原生的 bool 类型,通常会使用整数代替 bool 类型,其中,0 表示 false,非 0 表示 true。

在 C 语言程序中定义变量时,需要显式地指定数据类型。理解和掌握这些数据类型对于编写高质量的 C 语言程序有极为重要的意义。

◆ 2.4 常　　量

C 语言中的常量类型有整型常量、实型常量、字符常量、字符串常量、宏常量以及 const 常量。

2.4.1　整型常量

C 语言中的整型常量是指不可修改的整型数据值，可以在程序中直接使用并赋值给变量。整型常量可以用十进制、八进制、十六进制等方式进行表示。

十进制：25，−42，1000。

八进制：031，−077，01750。

十六进制：0x1B，0xFFF，0xdeadbeef。

在使用整型常量时，需要注意其数据类型和取值范围。在 C 语言中，int 型整数的取值范围由具体编译器实现定义，通常为 −2147483648～2147483647。如果确定整型常量超出了 int 型的取值范围，则需要使用 long long 型存储。

例如，在声明 long long 型整数时，可以使用后缀 LL（或 ll）表示这是 long long 类型，如下所示：

```
long long big_num = 123456789012345678LL;
```

在定义和使用整型常量时，应遵循合适的命名规范和编码规范，增强代码的可读性和可维护性。同时，应根据需要适当添加注释，方便自己和其他人理解代码的含义。

2.4.2　实型常量

C 语言中的实型常量表示方法如下。

1. 小数（十进制小数、科学记数法表示的小数）

对于十进制小数，直接写出其小数部分即可。例如：

```
float num = 3.14;
```

整型变量的定义方式为

```
type identifier;
```

其中，type 是数据类型名，identifier 是变量的标识符（变量名），一个标识符通常是一个单词，由字母、数字和下画线组成，不能以数字开头。

```
double pi = 3.1415926535;
```

对于较大或较小的小数，可以使用科学记数法表示。例如：

```
float f = 6.02e23f;                         //f 表示单精度浮点数
double d = 1.602176634e-19;                 //双精度浮点数
```

2. 自然对数常数 e

在 C 语言中,自然对数常数 e 表示为用特殊的浮点数常量 exp(1)。例如:

```
double e = exp(1);
```

3. 无穷大与非数值

在 C 语言中,可以使用宏定义 INFINITY 表示无穷大;使用宏定义 NAN 表示非数值。例如:

```
double inf = INFINITY;
double nan = NAN;
```

关于分类,实型常量可以分为两类:float 类型和 double 类型。其中,float 类型以后缀 f 标记;而 double 类型则不需要后缀标记,通常默认为双精度浮点数。注意:在某些极限情况下,float 类型可能会出现误差较大的情况,应根据具体情况选择使用。

2.4.3 字符常量

C 语言中的字符常量包括用单引号括起来的单个字符和字符数组(字符串),其中单个字符可以使用 ASCII 码或转义字符表示。

1. ASCII 码值方式

C 语言中,每个字符都对应于一个唯一的 ASCII 码值,可以通过该值表示。例如:

```
char ch = 'A';                          //单个字符'A',对应的 ASCII 码值为 65
```

2. 转义字符方式

除了使用 ASCII 码值表示外,还可以使用转义字符表示,如'\n'表示换行符。常见的转义字符及其含义如下。

\\ :反斜杠

\' :单引号

\" :双引号

\n :换行符

\r :回车符

\t :水平制表符

\b :退格符

\f :换页符

例如:

```
char ch1 = '\n';                        //换行符
char ch2 = '\t';                        //水平制表符
char ch3 = '\"';                        //双引号
```

同时,C 语言也提供了十六进制和八进制两种方式表示字符常量。例如:

```
char x = 0x41;                          //十六进制 ASCII 码值,等价于 'A'
char y = '\101';                        //八进制 ASCII 码值,等价于 'A'
```

需要注意的是,字符常量表示在引号中时,只能用单引号(' '),而不能用双引号(" ")。当多个字符组合成字符串时,需要使用双引号括起来。

2.4.4　字符串常量

C 语言中的字符串常量是由双引号(" ")括起来的字符序列,也称字符数组。字符串常量在内存中以 ASCII 码表示,最后一个字符必须是空字符'\0'。

例如:

```
char str1[] = "Hello, World!";          //字符数组,末尾会自动添加 '\0'
char str2[] = {'H', 'e', 'l', 'l', 'o', ',', ' ', 'W', 'o', 'r', 'l', 'd', '!', '\0'};
                                        //与上面等价
```

需要注意的是,双引号表示的字符串也包含空字符'\0',而单个字符用单引号表示。同时,字符串常量具有只读特性,不能通过数组赋值方式进行修改,例如下面的写法是错误的:

```
char str[] = "Hello";
str[1] = 'a';                           //错误!字符串常量是只读的
```

如果确实需要对字符串进行修改,则需要使用字符数组和相关库函数进行操作。

2.4.5　宏常量

在 C 语言中,使用♯define 预处理器指令可以定义宏常量,它们在编译阶段就会被替换为对应的值(只是纯文本替换,不进行类型检查或计算)。

例如:

```
#define MAX_SIZE 100                    //定义一个名为 MAX_SIZE 的宏常量,值为 100
```

在代码中用到该常量时,会被替换为对应的值。例如:

```
int arr[MAX_SIZE];                      //实际上相当于 int arr[100];
```

需要注意的是,宏定义不是变量,只是文本替换的过程。因此,不必在宏名和宏值之间加入等号或其他分隔符,而且在宏值的部分可以插入表达式、函数等,这在一定程度上增加了宏的灵活性。

例如:

```
#define SQUARE(x) ((x) * (x))           //定义一个求二次方的宏
int a = SQUARE(3);                      //实际上相当于 int a = ((3) * (3));
```

由于宏定义不经过编译器的类型检查,因此使用不当容易出现错误,如产生副作用、运算优先级问题等,需要谨慎使用。

2.4.6　const 常量

C 语言中定义符号常量可以使用 const 关键字,其语法格式如下:

```
const data_type constant_name = value;
```

其中,data_type 表示符号常量的数据类型,constant_name 表示符号常量的名称,value 表示符号常量的值。

下面是一段示例代码:

```
#include <stdio.h>

int main() {
    const int num = 10;
    printf("num = %d\n", num);
    //num = 20;   //error: assignment of read-only variable 'num'
    return 0;
}
```

当定义了 const 常量后,程序中就不能再修改它的值了,任何修改它的操作都会导致编译出错。

const 常量的好处在于:可以定义在程序中不应被修改的变量,以提高程序的可读性和可维护性;在编译时,编译器会将 const 常量进行优化,从而减少程序的代码量和存储空间;const 常量可以避免一些潜在的错误,例如在函数参数中使用 const 指针可以避免函数内部修改指针所指的变量。

在多文件开发的程序中,如果将一个 const 常量定义在一个文件中,而在另一个文件中也需要使用该常量时,则需要使用 extern 关键字或者将该常量定义为宏定义。

◆ 2.5　变　　量

2.5.1　变量的声明

在 C 语言中,声明变量需要指定变量的类型和变量名。

一般情况下,变量声明要放在函数或代码块的起始位置,并且可以赋初始值(也可以不赋)。例如:

```
int a;                    //声明一个整型变量 a
double b = 3.14;          //声明一个双精度浮点型变量 b,并将其初始化为 3.14
char c, d = 'A';          //声明两个字符型变量 c 和 d,其中 d 被初始化为字符 'A'
```

除此之外,在文件的顶部还可以进行全局变量的声明(定义在多个函数中都可以使用的变量),这种方式称为外部变量。外部变量需要用关键字 extern 进行声明,但在定义时不能指定初始值。例如:

```
extern int global_var;        //在文件顶部声明一个名为 global_var 的全局变量
```

C 语言区分大小写，变量名必须以字母或下画线开头，不能以数字开头。变量名中只能包含字母、数字和下画线，长度不能超过编译器规定的限制。

变量的声明和定义并不等价。声明告诉编译器某个标识符代表一个变量，而定义则为该变量分配存储空间。如果要在多个文件中共享同一个全局变量，则需要在其中一个文件中进行定义，而在其他文件中均使用 extern 进行声明即可。

2.5.2　变量初始化

在 C 语言中，变量的初始化可以在声明变量时进行赋值操作，也可以在后续的代码中进行。

如果需要在变量声明时进行初始化，则直接在变量名后面加上等号和初始值即可。例如：

```
int a = 10;              //声明一个整型变量 a，并将其初始化为 10
double b = 3.1415;       //声明一个双精度浮点型变量 b，并将其初始化为 3.1415
char c = 'A';            //声明一个字符型变量 c，并将其初始化为字符 'A'
```

如果需要在后续代码中进行初始化，则需要使用赋值语句进行赋值操作。例如：

```
int d;                   //声明一个整型变量 d
d = 20;                  //将变量 d 初始化为 20
```

需要注意的是，变量在先声明、后赋值的情况下，其值可能是未知或随机的，在使用前必须进行赋值操作。还需要注意，对于某些复杂类型的变量（如数组、结构体等），需要在花括号内给出元素的初始值列表。

例如：

```
int arr[3] = {1, 2, 3};       //声明一个大小为 3 的整型数组，并将其初始化为{1, 2, 3}
struct student stu = {"Tom", "Male", 18};   //声明一个结构体变量 stu，并将其初始化为
                                            //{{"Tom", "Male", 18}}
```

在对变量进行初始化时，如果初始值的类型与变量的类型不匹配，则会发生隐式转换。通常情况下，赋给变量的初始值应是适当的、有效的、可接受的值。

2.5.3　变量的访问与使用

在 C 语言中，变量的访问和使用都可以通过变量名进行。可以根据个人需求将变量用于算术运算、比较运算、逻辑运算以及函数调用等方面。

在 C 语言中，变量的访问和使用必须注意以下几点。

① 变量作用域。在不同的作用域内可见性不同，即定义在哪个代码块、函数或文件中决定了变量的作用范围。

② 变量类型。变量必须有一个特定的类型，以确定所占空间大小、能够保存哪种类型

的数据、接受何种运算等。

③ **变量初始化**。声明时，声明即初始化，后续也可以进行赋值操作实现初始化。

④ **存储方式**。C 语言中的变量可以存储在堆区、栈区或全局静态数据区等不同的内存分类中。

⑤ **变量的生命周期**。变量从创建到销毁的过程中，其内存分配、释放及读写操作受到一定限制。

在变量的访问和使用中，还需要遵循以下规则。

① 相同类型的变量名不能重复定义。

② 如果多个变量具有相同的名字，则在相同作用域内，它们之间会产生命名冲突。

③ 在变量定义时，尽量指定该变量的初始值。

④ 在使用变量时，应确保其值已经被初始化(不为随机值)。

⑤ 对于指针类型的变量，在使用之前需要进行赋值或动态分配内存空间。

⑥ 尽量避免使用未初始化的变量，以防出现不可预测的错误或结果。

◇ 2.6　运算符与表达式

2.6.1　算术运算符

在 C 语言中，算术运算符用于对数字类型的数据进行数学计算操作。表 2.1 是 C 语言中常用的算术运算符及其含义。

表 2.1　算术运算符及其含义

算术运算符	含　义
+	加法运算符，对两个值进行相加并返回结果
−	减法运算符，对两个值进行相减并返回结果
*	乘法运算符，对两个值进行相乘并返回结果
/	除法运算符，对两个值进行相除并返回结果
%	取模运算符，对两个值取余数并返回结果

例如：

```
int a = 10;
int b = 5;

int sum = a + b;                 //将 a 和 b 相加,并将结果赋给 sum
int diff = a - b;                //将 a 和 b 相减,并将结果赋给 diff
int prod = a * b;                //将 a 和 b 相乘,并将结果赋给 prod
int quo = a / b;                 //将 a 除以 b,并将商赋给 quo
int rem = a % b;                 //将 a 除以 b,并将余数赋给 rem
```

在进行除法运算时，如果除数为 0，则会产生错误或异常。同时，在使用取模运算符时，要遵循正负号取余的规则。此外，算术运算符有时也会出现类型转换的情况，需要注意这种情况可能带来的影响。

2.6.2　运算符的优先级与结合性

在 C 语言中,运算符的优先级和结合性是指在一个表达式中多个运算符可能具有不同的优先级和关联方式,这会影响相应表达式的计算顺序。

C 语言符号的优先级指的是在表达式中各种运算符和括号的优先级关系,优先级高的运算符先于优先级低的运算符进行计算,优先级由高到低依次为括号、一元运算符、乘除法、加减法、移位、比较、相等、位运算、逻辑与、逻辑或、条件运算符和赋值运算符。如果表达式包含多种运算符,且不确定运算符的优先顺序,就需要使用圆括号明确表达式的计算顺序。此外,有些运算符在具有相同优先级时具有不同的结合性,例如赋值运算符(=)是右结合性的,而逗号运算符(,)是左结合性的。这意味着,当表达式中多个等级相同且右结合性或左结合性的运算符同时出现时,它们的计算方式会遵循不同的方向。

在编写表达式时应根据需求显式地加上括号,这样可以避免优先级和结合性带来的混淆和错误,以保证表达式计算顺利进行。

2.6.3　关系运算符

在 C 语言中,关系运算符用于比较两个值的大小或者相等性,并返回一个布尔值(0 或 1),表示比较结果的真假。表 2.2 是 C 语言中可用的关系运算符。

表 2.2　关系运算符

运　算　符	含　义
</>	小于/大于,当左侧操作数小于/大于右侧操作数时返回1,否则返回0
<=/>=	小于或等于/大于或等于,当左侧操作数小于或等于/大于或等于右侧操作数时返回1,否则返回0
==/!=	等于/不等于,当左侧操作数等于/不等于右侧操作数时返回1,否则返回0

例如:

```
int a = 10;
int b = 5;
int c = 10;

int result1 = a < b;          //将返回 0,因为 a 不小于 b
int result2 = a > b;          //将返回 1,因为 a 大于 b
int result3 = a <= c;         //将返回 1,因为 a 小于或等于 c
int result4 = b >= c;         //将返回 0,因为 b 不大于或等于 c
int result5 = a == c;         //将返回 1,因为 a 等于 c
int result6 = b != c;         //将返回 1,因为 b 不等于 c
```

在 C 语言中,关系运算符的优先级较低,如果一个表达式中有多个运算符混合使用,应根据需求使用括号明确运算顺序。

2.6.4　复合赋值运算符

在 C 语言中,复合赋值运算符是一种特殊类型的运算符,它可以将算术运算符和赋值运算符组合成一个更为简洁的表达式。这些运算符允许对变量进行操作且赋值给其本身。表 2.3 是 C 语言中常用的复合赋值运算符。

表 2.3　复合赋值运算符

运　算　符	含　　义
+=	加上并赋值
-=	减去并赋值
*=	乘以并赋值
/=	除以并赋值
%=	取模并赋值
<<=	左移并赋值
>>=	右移并赋值
&=	按位与并赋值
^=	按位异或并赋值
|=	按位或并赋值

例如:

```
int a = 5;
a += 2;                        //等价于 a = a + 2;
a -= 1;                        //等价于 a = a - 1;
a *= 3;                        //等价于 a = a * 3;
a /= 2;                        //等价于 a = a / 2;
a %= 4;                        //等价于 a = a % 4;
```

在使用复合赋值运算符时需要注意的是,运算符的优先级比较低,因此需要使用括号明确计算顺序。同时,在某些情况下可能会发生类型转换,需要注意避免数据溢出等问题。

2.6.5　++和−−运算符

C 语言中的递增和递减运算符是++和−−,分别表示将变量的值加 1 或减 1。这两个运算符被广泛用于循环、数组和指针等编程场景中。

++运算符可以用于前缀和后缀方式。当使用前缀方式时,变量的值先加 1,然后返回新的值;当使用后缀方式时,变量的值先返回当前值,然后加 1。同样,−−运算符也有相似的前缀和后缀方式。

例如:

```
int a = 10, b = 5;
int result1 = ++a;   //将 a 的值加 1 变成 11,并且将 11 赋值给 result1,result1 的值为 11
int result2 = b--;   //先将 b 的值赋值给 result2 得到 5,然后将 b 的值减 1 变成 4,b 的值为 4
```

在一些复杂的表达式中过多地使用++和--运算符可能会产生副作用,导致程序出现难以预测的行为,因此应谨慎使用这些运算符。

◆ 2.7 表达式的类型转换

2.7.1 赋值表达式的类型转换

在 C 语言的赋值表达式中,类型转换是由赋值操作符(=)左侧变量的类型和右侧表达式的类型决定的。如果两者的类型不一致,那么编译器会自动进行隐式类型转换。

在类型转换过程中,一般遵循以下规则。

将一种整数类型赋值给另一种整数类型时,如果目标类型比源类型的代表范围宽,则直接将目标类型更改为源类型;否则执行符号扩展(符号位不变),将高位全部补上符号位;将浮点类型赋值给整数类型时,浮点数会被截断(向 0 方向舍入)为整数值,并且可能会导致数据溢出;将整数类型赋值给浮点类型时,整数会转换为相应的浮点数。

在不同浮点类型之间进行赋值时,小于或等于 double 的类型会自动提升为 double 类型并执行转换。

如果左右两边不属于相同的基本类型,则编译器会先尝试将右边的值转换成左边的类型使用。

例如:

```
int i = 10;
float f = 3.14;
double d = 2.718;
char c = 'a';
short s = 20;

i = c;              //将字符类型转换成整型并赋值给 i
i = s;              //将短整型提升为整型并赋值给 i
f = i;              //将整型转换成浮点类型并赋值给 f
d = f;              //将单精度浮点数转换成双精度浮点数并赋值给 d
```

需要注意的是,在进行强制类型转换时,需要用括号将要转换的值括起来,并在前面加上目标类型。强制类型转换可能会造成数据的精度损失或数据溢出,因此需要谨慎使用。

2.7.2 强制类型转换

C 语言中的强制类型转换是指将一种数据类型的值转换为另一种数据类型的值。在程序中有时需要进行强制类型转换,这可能是因为不同的数据类型在存储方式和表示方式上有所不同,需要进行转换才能正确地进行运算或赋值操作。

强制类型转换的语法如下:

```
(type-name) expression
```

其中,type-name 表示要将 expression 强制转换成的数据类型,expression 表示要进行转换的表达式。

强制类型转换可以分为以下两种。

1. 显式强制类型转换

在 C 语言程序中使用强制类型转换时,需要使用显示的强制类型转换操作符,即将要进行转换的数据类型放在圆括号中。

例如,在将一个浮点数转换为整型时,可以使用下面的语句:

```
float f = 3.14;
int i = (int)f;
```

这里使用了显式的强制类型转换将浮点数 f 转换为整型 i。

2. 隐式强制类型转换

在某些情况下,C 语言程序会自动进行类型转换,这种转换称为隐式强制类型转换。例如,当将一个整型数赋值给一个浮点型变量时,C 语言程序会自动进行类型转换,将整型数转换为浮点数。

```
int i = 10;
float f = i;                                    //隐式强制类型转换
```

在进行隐式强制类型转换时,需要注意数据类型的范围和精度,否则可能会丢失数据或造成计算误差。因此,在 C 语言程序中一般建议使用显式强制类型转换,以确保数据类型的正确性。

◆ 本 章 小 结

在本章的学习中,读者应达成以下目标。

(1) 理解 C 语言程序的基本结构,并了解程序中常见的符号分类。

(2) 掌握 C 语言中的基本数据类型及其表示范围。

(3) 掌握 C 语言中的宏和 const 常量的表示方法。

(4) 熟练掌握 C 语言中变量的定义和初始化方法。

(5) 熟练掌握 C 语言中算术运算符、关系运算符和赋值运算符的优先级、结合性及其使用方法。

(6) 熟练掌握 C 语言中++和--运算符的使用方法。

(7) 正确理解赋值相容规则以及强制类型转换的使用方法。

(8) 能够根据数据存储的需要正确地声明和使用变量。

◆ 课 后 习 题

1. 表达式 3 << 2 的值是_____。

2. 若 int a[5] = {1, 2, 3, 4, 5},则 a[2] = _____。

3. 若 float f = 1.23,则 sizeof(f) = _____。

4. 若 char s[] = "Hello"，则 s[2] = _____。

5. 若 int a = 5，则＋＋a + ＋＋a = _____。

6. 若 int a = 5，b = 3，则 a ％= b;之后，a 和 b 的值分别是_____。

7. 若 int x = 10，y = 20，z = 30，则 x ＜ y ‖ z ＜= y 的值为_____。

8. 若 int a = 10，* p = ＆a，则 * p++ = _____，a 的值为_____。

9. 若 unsigned int a = 0xffffffff，则～a = _____。

10. 若 int a = (1 + 2) * 3 / 4 - 5 ％ 6，则 a 的值为_____。

11. 若 float f = 3.14，则(int)f 的值是 _____。

12. 若 int a = 3，b = 4，c = 5，则 a++ + b++ + c++的值是_____。

13. 若 int a = 5，b = 3，则(double)a / b 的值是 _____。

14. 若 int a = 5，b = 3，则 a ^ b 的值是_____。

15. 若 char str[] = "Hello"，则 * (str＋3)的值是 _____。

16. 若 int a = 10，则 a * = 2 + 3 后的 a 的值是 _____。

17. 若 unsigned int a = 0x80000001，则～a 的值是 _____。

18. 若 int a = 5，则＋＋a + a++的值是_____。

程序基本控制结构

结构化程序设计的基础包括顺序结构、选择结构和循环结构。之前涉及的例题都使用了顺序结构完成编程任务。然而,在实际应用系统中,常常需要根据不同情况执行不同处理流程。举例来说,电子商务网站可能会免除一部分用户的运费,这就需要根据购买金额进行选择;保险公司需要根据投保人的不同条件采用不同算法计算保费;杀毒软件需要重复扫描磁盘文件并判断其是否感染病毒;搜索引擎需要反复查找索引表以满足用户的查询要求;等等。以上这些功能都需要通过选择与循环控制结构实现。

本章将带领读者深入了解结构化程序设计,并介绍基本的编程结构,包括顺序结构、选择结构和循环结构。

◇ 3.1 逻辑运算符和逻辑表达式

逻辑运算符一般有 3 个,分别是"&&"(与)、"||"(或)、"!"(非)。

- "与"运算符:使用符号"&&"表示,表示当两个条件同时为真时,整个条件才是真的。
- "或"运算符:使用符号"||"表示,表示当两个条件中至少有一个为真时,整个条件就是真的。
- "非"运算符:使用符号"!"表示,经常用于对一个条件取反,如果原本为真,则取反后就变成假的;如果原本为假,则取反后就变成真的。

下面以例 3.1 为例讲解使用 Copilot 求解逻辑表达式的运算,令其根据已给出的代码进行运算,并给出结果。

【例 3.1】 引导 Copilot 分析代码中的逻辑表达式并进行运算,最后返回结果。

利用 Copilot 进行运算的结果如下:

```c
#include <stdio.h>

int main()
{
    int a=1,b=10,c=1,x,y;
    x=a && b || ++c;
```

```
    printf("x=%d,c=%d\n",x,c);
    y=!a && --b || ++c;
    printf("y=%d,b=%d,c=%d\n",y,b,c);
    return 0;
}
//请给出以上代码的运算结果
//将答案输出在下方
//x=1,c=2
//y=0,b=9,c=3
```

◆ 3.2　选择控制结构

3.2.1　if 单分支语句

if 单分支语句是一种常见的条件控制语句，用于在满足特定条件时执行某个代码块，否则程序将跳过此代码块并继续执行下一行代码。其基本语法格式如下：

```
if (condition) {
//condition 为真时执行的代码块
}
```

其中，condition 表示要测试的条件表达式，可以是任何返回布尔值（true 或 false）的表达式，如果该条件为真，则执行花括号中的代码块；如果条件为假，则直接跳过该代码块。

【例 3.2】　从键盘输入两个整数，分别将值存入 a 和 b，并判断 a 和 b 的大小，若 a 大于 b，则交换双方的值再输出，否则直接输出。

引导 Copilot 生成代码的自然语言如下：

```
//输入两个整数存到 a 和 b 中并比较大小，a>b 交换 a 和 b 再输出，否则直接输出
```

例 3.2
视频讲解

其生成的代码如下：

```
#include <stdio.h>
int main()
{
    int a,b;
    printf("请输入两个整数:");
    scanf("%d%d",&a,&b);
    if(a>b)
    {
        int t;
        t=a;
        a=b;
        b=t;
    }
    printf("a=%d,b=%d",a,b);
```

```
        return 0;
    }
```

3.2.2　if 双分支语句

if 双分支语句是一种条件控制语句,用于在满足特定条件时执行一个代码块,否则执行另一个代码块。基本的 if 双分支语句的语法格式如下:

```
if (condition) {
    //condition 为真时执行的代码块
} else {
    //condition 为假时执行的代码块
}
```

其中,condition 表示要测试的条件表达式,如果该条件为真,则执行 if 语句后面花括号中的代码块;如果条件为假,则执行 else 语句后面花括号中的代码块。因此,又称之为 if-else 语句。

【例 3.3】　编写程序,判断一个年份是否为闰年。

引导 Copilot 生成代码的自然语言如下:

```
//请编写一个程序,其功能是判断一个年份是否为闰年
```

其生成的代码如下:

```
#include  <stdio.h>

int main()
{
    int year;
    printf("Please input a year:");
    scanf("%d",&year);
    if(year%4==0&&year%100!=0||year%400==0)
    printf("%d is a leap year.",year);
    else
    printf("%d is not a leap year.",year);
    return 0;
}
```

🔷 3.3　条件表达式

在 C 语言中,条件表达式是一种返回布尔值(true 或 false)的表达式,它通常与 if 语句、while 循环、for 循环等条件控制语句配合使用,用于根据给定的条件判断程序的执行路径。本节只针对条件表达式的使用方法与格式做出解释与讲解。

条件表达式的基本语法格式如下:

```
condition ?(value_if_true) : (value_if_false)
```

其中,condition 表示要测试的条件表达式,(value_if_true)表示当 condition 为真时返回的值,(value_if_false)表示当 condition 为假时返回的值。如果 condition 为真,则返回(value_if_true),否则返回(value_if_false)。

例如,在 if 语句中使用条件表达式：

```
int a = 10, b = 20;
if (a > b) {
    printf("a is greater than b");
} else {
    printf("b is greater than a");
}
```

可以使用条件表达式简化如下：

```
int a = 10, b = 20;
printf(a > b ?"a is greater than b" : "b is greater than a");
```

这样代码更简洁,具有更好的可读性和可维护性。

◆ 3.4 switch 多分支语句

在 C 语言中,switch 多分支语句是一种根据不同情况执行不同代码块的流程控制语句,它通常与 case 标签、default 标签等语法结构配合使用,用于根据给定的条件判断程序的执行路径。

switch 多分支语句的基本语法格式如下：

```
switch (expression) {
    case constant1:
        //常量表达式为 constant1 时执行的代码块
        break;
    case constant2:
        //常量表达式为 constant2 时执行的代码块
        break;
    ...
    default:
        //其他情况下执行的代码块(可选)
        break;
}
```

其中,expression 表示要测试的表达式,case 后跟的 constant 表示要匹配的常量值。当 expression 和某个 case 后面的 constant 相等时,就执行对应的代码块。如果匹配不到对应的 case,则执行 default 标签后的代码块(如果有)。

例如：

```
int n = 3;
switch (n) {
    case 1:
        printf("Monday");
        break;
    case 2:
        printf("Tuesday");
        break;
    case 3:
        printf("Wednesday");
        break;
    default:
        printf("Other day");
        break;
}
```

以上代码将输出 Wednesday,因为 n 的值为 3,所以匹配了第 3 个 case 标签。

需要注意的是,每个 case 代码块中必须包含一个 break 语句,用于退出 switch 语句,否则会导致后面的 case 代码块也被执行,直到遇到 break 或结束整个 switch 语句为止。这也是很多初学者容易犯的错误之一。

【例 3.4】　用程序实现从键盘输入两个浮点数并存入变量之后,显示一个菜单并根据用户选择的选项分别执行加、减、乘、除四则运算。

引导 Copilot 生成代码的自然语言如下:

```
//请写一段代码实现一个简单的计算器,要求如下:
//1.根据用户输入的数字选择要进行的操作,1加法,2减法,3乘法,4除法
//2.根据用户输入的数字进行相应的计算,计算结果保留两位小数
```

Copilot 生成的代码如下:

```
#include <stdio.h>
int main()
{
    int a,b,c;
    printf("请输入一个数字选择计算方式:1加法,2减法,3乘法,4除法");
    scanf("%d",&a);
    printf("please input two numbers:");
    scanf("%d%d",&b,&c);
    switch(a)
    {
    case 1:printf("%d+%d=%d",b,c,b+c);break;
    case 2:printf("%d-%d=%d",b,c,b-c);break;
    case 3:printf("%d * %d=%d",b,c,b * c);break;
    case 4:printf("%d/%d=%d",b,c,b/c);break;
    default:printf("error");
    }
    return 0;
}
```

◇ 3.5　循环控制语句

3.5.1　while 循环语句

在 C 语言中，while 语句是一种基本的迭代控制结构，用于循环执行一段语句，前提是给定的条件为真(true)。

while 语句的基本语法格式如下：

```
while (condition) {
    //循环体代码块
}
```

其中，condition 表示要测试的条件表达式，当它的值为真时，将重复执行花括号内的代码块；如果 condition 的值为假，则跳过 while 循环并继续执行下面的代码。

以下代码演示了一个简单的 while 循环：

```
int i = 0;
while (i < 5){
    printf("%d\n", i);
    i++;
}
```

以上代码将输出数字 0～4，循环体中的代码将执行 5 次，直到 i 的值增加到 5 时，条件变为假，循环结束。

需要注意的是，在 while 循环中应谨慎处理循环条件，以防无限循环或者跳出循环之前没有满足预期条件的问题。另外，为了避免无限循环，while 循环体内应包含使循环条件可以转化成假的操作或条件判断，例如改变计数器变量等。

【例 3.5】　编写代码，计算从 1 加到 100。

引导 Copilot 生成代码的自然语言如下：

```
//我需要计算整数 1 到 100 的和
```

Copilot 生成的代码如下：

```
#include <stdio.h>

int main()
{
    int i,sum=0;
    for(i=1;i<=100;i++)
        sum+=i;
    printf("The sum of 1 to 100 is %d.",sum);
    return 0;
}
```

3.5.2　for 循环语句

在 C 语言中,for 语句是一种基本的迭代控制结构,用于循环执行一段代码块,可以更方便地控制迭代次数和步长。

for 循环的基本语法格式如下:

```
for (initialization; condition; update) {
    //循环体代码块
}
```

其中,initialization 表示循环开始前执行的初始化表达式,通常用于定义计数器变量及其初始值;condition 表示要测试的条件表达式,当它的值为真(true)时,将重复执行循环体内的代码块;update 表示每次迭代之后要执行的语句,通常用于更新计数器变量或者其他状态变量。

以下代码演示了一个简单的 for 循环:

```
for (int i = 0; i < 5; i++) {
    printf("%d\n", i);
}
```

以上代码将输出数字 0~4,循环体中的代码将执行 5 次,直到 i 的值增加到 5 时,条件变为假,循环结束。

需要注意的是,在 for 循环中,可以省略 initialization、condition、update 中的任意一项,但分号必须保留。如果没有提供 condition,则默认循环条件为真。如果没有提供 update,则循环体内必须包含修改计数器变量的语句,以便在循环中停止。

【例 3.6】　计算 $1/(1+5i)(0<i<101)$ 中 i 从 1 到 100 的和。

引导 Copilot 生成代码的自然语言如下:

```
//我需要一个程序计算 1/(1+5i)(0<i<101)中 i 从 1 到 100 的和
```

例 3.6
视频讲解

Copilot 生成的代码如下:

```
#include <stdio.h>

int main()
{
    int i;
    double sum=0;
    for(i=1;i<=100;i++)
    {
        sum=sum+1.0/(1+5*i);
    }
    printf("The sum of i=1 to 100 is %lf",sum);
    return 0;
}
```

3.5.3　do-while 循环语句

在 C 语言中,do-while 语句也是一种迭代控制结构,它与 while 语句类似,不同之处在于其循环体至少执行一次,这是因为条件检查在循环体的末尾才进行。

do-while 循环的基本语法格式如下:

```
do {
    //循环体代码块
} while (condition);
```

其中,condition 表示循环条件,通过该条件判断是否继续循环。在每次执行完循环体后都会检查 condition 的值,只有在 condition 为真时才继续循环,否则跳出循环。

以下代码演示了一个简单的 do-while 循环:

```
int i = 0;
do {
    printf("%d\n", i);
    i++;
} while (i < 5);
```

以上代码将输出数字 0~4,即使 i 的初始值为 0,do-while 循环体仍然会执行一次,直到 i 的值增加到 5 时,条件变为假,循环结束。

需要注意的是,在使用 do-while 循环时,应注意循环条件和循环体内的语句设计,以确保程序逻辑正确并避免死循环。另外,由于 do-while 循环至少执行一次循环体,因此适用于需要先执行一次再检测条件的情况,例如用户输入验证等场景。由于 do-while 语句的运行逻辑与上文的两个循环语句相同,故在此只进行说明与讲解,不进行例题展示。

◆ 3.6　程序跳转语句

3.6.1　break 语句

在 C 语言中,break 语句用于从 switch 语句或循环结构(例如 for、while、do-while)中跳出,即使当前的循环条件没有满足。

当执行到 break 语句时,程序将立即跳出所在的循环或 switch 语句,并继续执行循环或 switch 语句后面的代码。使用 break 语句可以提高编程效率并加速程序的运行。

以下代码演示了如何在 for 循环中使用 break 语句:

```
for (int i = 0; i < 10; i++) {
    if (i == 5) {
        break;
    }
    printf("%d\n", i);
}
```

以上代码将循环输出数字 0～4,当 i＝5 时,遇到 break 语句,循环中断,程序将立即跳出循环体并继续执行循环后面的代码。

需要注意的是,break 语句只能用于跳出内部循环或 switch 语句,不能直接跳出外层循环或函数。如果需要在多重嵌套的循环中跳出多层循环,可以使用标签(label)配合 break 语句实现。

【例 3.7】 引导 Copilot 分析代码。

```
#include <stdio.h>

int main(){
    int i;
    for(i=1;i<=10;i++){
        printf("*");
        if(i>=5)  break;
        printf("|");
    }
    printf("\ni=%d",i);
    return 0;
}
//请写出这段代码的运行结果
//
// * | * | * | * | *
//i=5
```

在这个例题中,首先给 Copilot 一段完整的可编译代码,要求 Copilot 在不编译运行的前提下对代码结果进行分析输出,所以引导的自然语言内容在最后放出。

3.6.2 continue 语句

在 C 语言中,continue 语句也用于控制循环结构,与 break 语句不同的是,它被用来跳过当前循环中剩余的语句,并进入下一次迭代,即当程序执行到 continue 语句时,会直接开始下一次循环迭代,而不再执行循环体中剩余的代码。

以下代码演示了如何在 for 循环中使用 continue 语句:

```
for (int i = 0; i < 10; i++) {
    if (i == 5) {
        continue;
    }
    printf("%d\n", i);
}
```

以上代码将循环输出数字 0～9,当 i＝5 时,遇到 continue 语句,程序将跳过当前迭代中的剩余代码,立即进入下一次迭代,继续执行后续的循环语句。

需要注意的是,在使用 continue 语句时,应确保它不会导致无限循环,否则程序可能会陷入死循环。因此,通常应将 continue 语句和某个 if 条件检查结合使用,以确保它只在特定条件下执行。

同时,在编写复杂的循环结构时,应注意 continue 语句对程序执行流程的影响,以保证程序逻辑正确并确保循环能够顺利结束。

【例 3.8】 分析以下代码并观察其与例 3.7 的运行结果的区别。

```c
#include <stdio.h>

int main(){
    int i;
    for(i=1;i<=10;i++){
        printf(" * ");
        if(i>=5)  continue;
        printf("|");
    }
    printf("\ni=%d",i);
    return 0;
}
//请写出这段代码的运行结果
// * | * | * | * |******
//i=11
```

可以看到,两个例题的运行结果因为 break 与 continue 语句的不同使用方式而产生了不同的结果,请读者自行对二者的区别进行分类分析,并加以练习。

3.6.3 goto 语句

在 C 语言中,goto 语句是用来实现跳转的一种语句。它可以使程序无条件地跳转到代码中的指定位置,而不考虑程序当前所处的执行状态。goto 语句容易使程序出现逻辑混乱和不可预测行为,因此应慎重使用。

以下代码演示了如何在 C 语言中使用带标签的 goto 语句:

```c
#include <stdio.h>

int main() {
    int i = 0;
start:                                          //标签
    printf("%d\n", i);
    i++;
    if (i < 10) {
        goto start;                             //跳转到标签处
    }
    return 0;
}
```

以上代码使用了一个带标签的 goto 语句,在每次循环迭代结束时,通过 goto 语句无条件地跳转到标签处,重新开始下一轮的循环迭代,并输出变量 i 的值。需要注意的是,goto 语句可能导致程序的控制流难以理解和维护,因此应尽量避免使用,除非在特定情况下有明确的需求和足够的技术能力保证程序的正确性和可维护性。

【例 3.9】　利用 if-goto 语句求 1 到 100 的和。

引导 Copilot 生成代码的自然语言如下：

```
//利用 if-goto 语句求 1 到 100 的和
```

Copilot 生成的代码如下：

```c
#include <stdio.h>

int main() {
    int i = 1, sum = 0;
    loop:
    sum += i;
    i++;
    if (i <= 100) goto loop;
    printf("%d\n", sum);
    return 0;
}
```

◆ 3.7　多重循环及其利用

多重循环是指在程序中嵌套多个循环结构的一种编程技巧。通过多重循环，可以遍历和处理多维数组、矩阵等数据结构，并实现复杂的算法逻辑。

在 C 语言中，多重循环通常使用 for 循环或 while 循环嵌套实现，其基本语法结构如下：

```c
for (int i = 0; i < n; i++) {
    for (int j = 0; j < m; j++) {
        //循环体
    }
}
```

以上代码演示了两层 for 循环嵌套的实现方式，其中，外层循环控制变量 i，内层循环控制变量 j，并在循环体中处理需要的逻辑。

多重循环的利用主要有以下几方面。

- 遍历和处理多维数组、矩阵等数据结构：多重循环可以遍历并访问多维数组、矩阵等数据结构的各个元素，从而进行相应的计算、操作或转换。
- 实现复杂的算法逻辑：多重循环可以嵌套实现复杂的算法逻辑，例如图像处理、模拟仿真、搜索算法、排序算法等，从而提高程序的效率和准确性。
- 嵌套实现条件判断和控制语句：多重循环可以嵌套使用 if 语句、switch 语句、break 语句、continue 语句等条件判断和控制语句，从而对程序的控制流进行详细的处理和调整。

需要注意的是，多重循环可能导致程序的效率和可读性降低，因此在编写多重循环时应尽量考虑程序的性能优化和代码的可读性，避免出现过度复杂或冗余的代码结构。

由于本节更多的是讲解循环的多重嵌套，其本身的逻辑与 for、while 循环语句相同，故不进行例题展示。

◆ 3.8 循环程序设计方法

循环程序设计方法是一种常用的编程思维方式，其通过使用循环结构实现逐次迭代和处理大量数据。循环程序设计方法可以帮助程序员提高程序的效率和可读性，同时减少代码的重复和冗余。

在循环程序设计中，需要注意以下几方面。

- **循环变量的初始化**：在循环开始前应对循环变量进行初始化操作，例如将计数器变量赋初始值为 0 或 1。
- **循环条件的设定**：循环条件是控制循环是否执行的关键因素。在循环开始时，需要对循环条件进行判断，并根据判断结果决定是否执行循环体及是否继续循环。
- **循环变量的更新**：循环变量的更新是循环程序设计中的一个重要步骤，当循环体执行完后，需要对循环变量进行自增、自减等操作，以便下一次循环的执行。
- **循环控制语句的使用**：在循环程序设计中，控制循环流程的语句主要包括 break 语句（跳出循环）、continue 语句（跳过当前循环）等，通过合理地使用这些语句，可以有效控制循环程序的执行流程，从而提高程序的效率和准确性。

通过合理运用循环程序设计方法，可以实现各种数据处理操作和算法逻辑，例如对数组、列表、字符串等数据结构的遍历、搜索、排序等。需要注意的是，在编写循环程序时应尽量保证代码的简洁性和可读性，并注意避免出现无限循环等编程错误。

3.8.1 迭代法

迭代法是一种基于逐步逼近的数值计算方法，它通过对函数或过程进行多次迭代计算逼近函数或过程的精确解。在循环程序设计中，迭代法通常实现为循环结构，这使得它在数值计算和复杂算法实现中具有广泛的应用。

迭代法的基本思想是从一个初始值开始计算出一个逼近解，并用该逼近解替换原方程中的未知量，进而获得下一个更为接近的逼近解。按照这一迭代方式不断重复计算和更新，最终可以得到目标函数的精确解或近似解。

在循环程序设计中，迭代法通常实现为 while 循环或 for 循环结构。例如，要实现一个计算平方根的迭代算法，可以采用如下代码实现：

```
double square_root(double n, double eps) {
    double x = n;                          //初始值
    while (fabs(x * x - n) > eps) {        //循环条件
        x = (x + n / x) / 2;               //迭代公式
    }
    return x;                              //返回结果
}
```

以上代码通过 while 循环结构实现了平方根计算的迭代算法。其中,初始值为 n,循环条件为|x^2−n| > eps,每次迭代通过公式 x=(x+n/x)/2 计算得到更接近目标平方根的逼近解。

需要注意的是,在使用迭代法进行数值计算时,应确保迭代算法的收敛性和精度,并注意避免出现死循环等错误。同时,对于一些复杂的计算问题,还可以采用多重循环嵌套、递归等高级编程技巧实现各种数值计算和数据处理操作。

【例 3.10】 兔子的繁殖问题。

引导 Copilot 生成代码的自然语言如下:

```
//假设兔子在出生两个月后就有繁殖能力,一对兔子每个月能生出一对小兔子。如果所有兔子都
//不死,那么一年以后可以繁殖出多少对兔子?请编程计算
```

Copilot 生成的代码如下:

```
#include <stdio.h>
#include <stdlib.h>

int main()
{
    int n;
    scanf("%d", &n);
    int a[1000] = {1, 1};
    for (int i = 2; i < n; i++) {
        a[i] = a[i-1] + a[i-2];
    }
    printf("%d\n", a[n-1]);
    return 0;
}
```

3.8.2 穷举法

穷举法(也称枚举法)是一种基于遍历和判断的计算方法,它通过枚举所有可能性寻找问题的解。在循环程序设计中,穷举法通常运用嵌套循环结构将问题的所有可能情况依次列举出来,然后逐个进行测试和比对,最终确定问题的解。

穷举法一般适用于求解规模较小的离散问题,如密码破解、全排列、组合等问题,其基本思想是将问题中所有可能的答案都枚举出来,再逐一检查答案是否符合条件,直到找到正确答案或者遍历所有可能性为止。

例如,要求解一个整数 n 的平方根,可以采用如下的穷举法实现:

```
int sqrt(int n) {
    for (int i = 0; i <= n; i++) {          //枚举变量 i
        if (i * i == n) {                   //判断是否为目标解
            return i;                       //返回结果
        }
    }
```

```
        return -1;                                    //未找到解
    }
```

该算法通过循环枚举变量 i 对每组可能的解进行判断，直至找到目标解或枚举完所有情况且并未发现目标解。需要注意的是，在使用穷举法进行计算时，由于其需要枚举所有可能性，因此对于问题规模较大的情况，其运行时间和空间复杂度都会相应增加，因此在实际计算中还需要结合具体问题进行分析，采用其他更高效的算法技术提升程序性能。

【例 3.11】 水仙花数问题。

引导 Copilot 生成代码的自然语言如下：

```
//编写程序,利用穷举法输出 100~999 中的所有水仙花数
```

Copilot 给出的代码如下：

```c
#include <stdio.h>
#include <stdlib.h>

int main() {
    int i, j, k;
    for (i = 1; i <= 9; i++) {
        for (j = 0; j <= 9; j++) {
            for (k = 0; k <= 9; k++) {
                if (i * 100 + j * 10 + k == i * i * i + j * j * j + k * k * k) {
                    printf("%d\n", i * 100 + j * 10 + k);
                }
            }
        }
    }
    return 0;
}
```

◆ 本 章 小 结

本章内容涉及许多关于程序控制语句的知识，以下是要点知识小结。

（1）if 语句是一种基本的条件流程控制语句，用于根据指定条件的真假情况执行不同的代码块。语法格式：if（条件表达式）{代码块}，可以通过嵌套实现多层条件判断。

（2）if-else 语句在 if 语句的基础上扩展，增加了当条件为 false 时执行的代码块。语法格式：if（条件表达式）{代码块 1} else {代码块 2}。

（3）switch 语句用于根据不同的条件执行不同的代码块。语法格式：switch（表达式）{case 常量：代码块 break；default：代码块}。

（4）while 语句用于循环执行某些代码，直到指定条件不再满足为止。语法格式：while（条件表达式）{代码块}。当循环次数不确定时使用。

（5）for 语句是一种常用的循环语句，可以方便地实现计数器循环和遍历数组等操作。

语法格式：for（初始表达式；条件表达式；增量表达式）｛代码块｝。

（6）do-while 语句与 while 语句类似，不同之处在于它至少会执行一次循环。语法格式：do ｛代码块｝ while（条件表达式）。

（7）多重循环结构是指在程序中嵌套使用多个循环进行复杂的流程控制。同时可以通过所述相关程序跳转的控制语句 break、continue 和 goto 等语句，在多重循环中实现特殊的程序控制。

（8）循环结构方法设计是指根据程序需要分析合适的循环结构形式，并合理地应用到程序中。需要根据具体问题进行分析和设计，选择合适的循环结构，并注意优化程序性能。

本章内容涉及众多知识点，需要读者积极动手练习，反复巩固。同时，在实际应用中，还需要根据实际情况灵活运用各种控制语句，以优化程序效率，提高开发效率。

◇ 课 后 习 题

一、选择题

1. C 语言中，if 语句的格式为（　　　）。

　　A. if condition statement　　　　　　B. if statement

　　C. condition if statement　　　　　　D. statement if condition

2. 下列中可以用于 switch 语句的表达式类型是（　　　）。

　　A. char　　　　　　B. float　　　　　　C. double　　　　　D. long double

3. 在 for 循环的圆括号中，通常包含（　　　）语句。

　　A. 1 个　　　　　　　　　　　　　　B. 2 个

　　C. 3 个　　　　　　　　　　　　　　D. 取决于循环体内部需要

4. C 语言中，while 循环的语法格式为（　　　）。

　　A. while expression ｛statement；｝　　B. while statement (expression) ｛｝

　　C. while （expression）｛statement；｝　D. expression while ｛statement；｝

5. 在下列情况下，最适宜使用 for 循环结构的是（　　　）。

　　A. 需要反复执行某一段代码直到满足条件时才退出循环

　　B. 需要当一定条件满足时对一个变量进行计数并且在次数达到上限时退出循环

　　C. 仅需在保证条件满足的情况下不停地重复执行一段代码

　　D. 需要在某段时间内以固定的时间间隔重复执行一段代码

6. 下列中不是 C 语言中的逻辑运算符的是（　　　）。

　　A. &&　　　　　　B. ||　　　　　　C. !　　　　　　D. ? :

7. 在以下循环结构中，可以强制退出循环并跳转到指定位置的是（　　　）。

　　A. if　　　　　　B. while　　　　　　C. do-while

　　D. switch　　　　E. none of the above

8. 下列代码的输出结果是（　　　）。

```
int i = 0, j;
for (j = 0; j < 5; j++) {
    if (j > 2) {
```

```
        break;
    }
    i++;
}
printf("%d\n", i+j);
```

    A. 2   B. 3   C. 4   D. 5

9. 下列关于 do-while 语句的说法中正确的是(　　)。

    A. 先判断条件是否成立,再执行循环体

    B. 循环体至少执行一次,无论条件是否成立

    C. 用于执行固定次数的循环

    D. 条件表达式只支持相等和不相等运算符

10. 在 goto 语句中,标号的作用是(　　)。

    A. 标识可以跳转到该位置的语句

    B. 告诉编译器将标号所在的代码段放在内存的哪个位置

    C. 标识本循环中的 continue 或 break 要跳转到的位置

    D. 以上都不是

二、编程题

1. 编写一个程序,让用户输入一个正整数 n,计算并输出 1~n 中的所有偶数之和。

2. 编写一个程序,使用 while 循环读取用户从键盘输入的整数,求出这些整数之和,直到用户输入 0 为止,并将结果输出。

3. 编写一个程序,要求输入任意一组年份和月份,输出该月份有多少天。要求考虑闰年情况。

4. 从键盘输入一个整数 n,计算并输出 1+2+…+n 的值。

5. 输入一组正整数,求出其中的最大值和最小值。

第4章

函数及其应用

谈到函数,一个生动的类比可以是榨汁机,如图 4.1 所示。想象一下,你有一台功能强大的榨汁机,它可以接收各种水果和蔬菜作为输入,这些水果和蔬菜就像函数的参数一样。榨汁机内部有一个特定的机制,它会对输入的水果和蔬菜进行一系列的操作,比如切割、搅拌和过滤,最终生产出美味的果汁作为返回值。在这个类比中,榨汁机就像一个函数,它接收输入参数(水果和蔬菜),在函数体内执行一系列的操作(切割、搅拌和过滤),并最终生成输出结果(果汁)。这些操作封装在函数内部,就像在函数体中定义一系列的代码语句完成特定的任务一样。

图 4.1　与函数类比的榨汁机

类比的另一方面是函数可以提供抽象层次,就像榨汁机隐藏了内部的切割、搅拌和过滤的具体细节,使得使用者只需要关注输入和输出。类似的,函数可以隐藏底层的具体实现细节,使得调用函数的代码更加简洁,可读性更高,并且减少了代码的重复。通过将常见的操作封装在函数中,可以提高代码的复用性和可维护性。函数作为计算机编程语言中重要的概念之一,可以封装可重用的代码片段,提供抽象层次,隐藏底层的具体实现细节,从而使得程序更加模块化、简洁和易于理解。

通过学习本章的内容,读者能够全面了解函数的基本概念和应用,掌握函数的定义和调用方法,以及函数在实际项目中的使用技巧。

◆ 4.1　函数的定义与分类

4.1.1　函数的定义

函数是一段完成特定任务的可重复使用的代码块,它接收输入参数(如果有),并可能返回一个值作为输出。函数的定义通常包括函数名、参数列表、返回类型和函数体。

- 函数名:函数的名称用于标识函数并在其他地方调用它。函数名应具有描述性且易于理解,通常采用驼峰命名法(addNumbers)或下画线命名法(add_numbers)。

- **参数列表**:指定函数接收的参数,可以是 0 个或多个。每个参数由参数类型和参数名组成,多个参数之间使用逗号分隔。参数类型指定了参数的数据类型,参数名用于在函数内部引用参数的值。
- **返回类型**:指定函数返回值的数据类型,可以是基本数据类型(如 int、float、char 等)、指针类型、结构体类型或自定义类型。如果函数不返回任何值,则返回类型应为 void。
- **函数体**:函数体是函数的实际代码块,包含函数要执行的操作。函数体由一对花括号"{ }"括起来,并包含一系列的语句。

函数定义的基本结构为

```
返回类型 函数名(参数列表) {
    //函数体:执行特定任务的代码,可能包含返回语句
}
```

【例 4.1】 计算 a 与 b 的和并返回结果。

```
//函数名:addNumbers
//参数列表:两个整数 a 和 b
//返回类型:整数 ( int result )
//函数体:{
//          int result = a + b;
//          return result;
//      }
int addNumbers (int a, int b) {
    int result = a + b;
    return result;
}
```

4.1.2 return 语句

1. return 语句

在函数中,return 语句用于指定函数的返回值,它不仅能够将结果返回给调用者,还可以提前终止函数的执行。return 语句的语法如下:

```
return 表达式;
```

表达式可以是常量、变量、表达式或函数调用等,用于计算函数的返回值。

2. 返回值

return 语句的返回值类型必须与函数的返回类型匹配。如果函数的返回类型为 void,表示函数不返回任何值,则 return 语句可以省略或不带任何表达式。

如果函数的返回类型为其他数据类型,则 return 语句应包含与返回类型匹配的表达式,该表达式的计算结果将作为函数的返回值。

【例 4.2】 使用 return 语句。

引导 Copilot 生成代码的自然语言如下:

例 4.2
视频讲解

```
//编写两个函数,一个 add 函数,一个 return 类型为空,体现返回值的不同
```

Copilot 生成的代码如下：

```
#include <stdio.h>

int add(int a, int b)
{
    return a + b;
}
void print(int a, int b)
{
    printf("%d\n", a + b);
    return;                              //可以省略,因为返回类型为 void
}
```

在例 4.2 中,add 函数返回两个整数的和,使用 return 语句返回计算结果。print 函数没有返回值,因此 return 语句可以省略。

3. 提前终止函数

return 语句还可以用于提前终止函数的执行。当在函数中执行 return 语句时,函数将立即停止执行并返回调用者,这在某些情况下非常有用,可以根据特定的条件决定是否终止函数的执行。

【例 4.3】　使用 return 语句提前终止函数。

引导 Copilot 生成代码的自然语言如下：

```
//编写函数,演示 return 语句提前终止函数的执行
```

Copilot 生成的代码如下：

```
#include <stdio.h>

void f()
{
    printf("f() begin\n");
    return;
    printf("f() end\n");
}

int main()
{
    f();
    return 0;
}
```

输出结果如下：

```
f() begin
```

在例 4.3 中，函数 f 虽然有两个 printf 语句，但是 return 语句后的 printf 并不会执行，因为 return 语句会提前终止函数的执行，所以输出结果为 f()begin。

return 语句在函数中的位置决定了哪个返回值会被返回。一旦遇到 return 语句，函数将停止执行并返回指定的值。因此，当在函数的不同部分使用多个 return 语句时，只有第一个遇到的 return 语句会被执行。

4.1.3　函数分类

函数的类型包括库函数和用户自定义函数。库函数可以提供常用的功能，程序员可以直接使用它们完成任务。而用户自定义函数则允许程序员根据自己的需求编写和组织代码，以实现更复杂的功能和逻辑。

- 库函数（Library Functions）：库函数是指编译器或操作系统提供的函数库中预先定义的函数。这些函数旨在提供常见的功能和操作，供程序员在开发过程中使用。库函数通常涵盖广泛的领域，如数学运算、字符串处理、文件操作等。C 语言标准库（C Standard Library）提供了一组标准的库函数，例如 printf、scanf、strlen 等。库函数可以直接使用，无须重新定义或实现。
- 用户自定义函数（User-defined Functions）：用户自定义函数是指程序员根据需求和逻辑自行编写的函数。这些函数是根据具体的问题和任务而创建的，用于实现程序的特定功能。用户自定义函数可以根据需要定义输入参数、返回值和函数体，以满足程序的要求。通过用户自定义函数，程序员可以将复杂的任务分解为更小的可管理的模块，以提高代码的可读性和重用性。

要使用库函数，需要在程序中包含相应的头文件。头文件通常包含库函数的声明、宏定义和其他必要信息。引用库函数的语法如下：

```
#include <头文件名>
```

【例 4.4】　引用标准输入/输出库函数。

引导 Copilot 生成代码的自然语言如下：

```
//编写引用标准输入/输出库函数
```

Copilot 生成的代码如下：

```
#include <stdio.h> //引用标准输入/输出库函数

int main()
{
    int a;
    scanf("%d", &a);
    printf("%d\n", a);
    return 0;
}
```

在例 4.4 中，程序使用了标准输入/输出库函数，printf 用于输出文本，scanf 用于从标准输入读取用户的输入。

【例 4.5】　引用数学库函数。

引导 Copilot 生成代码的自然语言如下：

```
//请引用 math 库编写一个求平方根的程序
```

Copilot 生成的代码如下：

```
#include <stdio.h>
#include <math.h>

int main() {
    double a = 2.0;
    double result = sqrt(a);
    printf("Result: %f\n", result);
    return 0;
}
```

在例 4.5 中，程序通过使用 #include ＜math.h＞引用数学库函数，main 函数使用数学库中的函数 sqrt 计算平方根。

4.2　函数的参数

4.2.1　形式参数和实际参数的概念

函数的参数用于传递数据给函数，在函数体内部进行处理。在函数中，存在两个相关的概念：形式参数（形参）和实际参数（实参）。

- **形式参数（形参）**：形式参数是指函数定义中声明的参数，也称函数的参数列表。形式参数是占位符，用于接收传递给函数的实际参数的值，它们在函数定义中用于定义函数的输入参数的类型和名称。形式参数只在函数内部可见，作用域仅限于函数体内。
- **实际参数（实参）**：实际参数是指在函数调用时提供给函数的实际值，它们是函数调用语句中传递给函数的具体数据。实际参数可以是常量、变量、表达式或函数调用的结果。当调用函数时，实际参数的值将被传递给函数的形式参数，供函数在执行过程中使用。

【例 4.6】　形式参数和实际参数的概念。

引导 Copilot 生成代码的自然语言如下：

```
//请编写一个带有形式参数的函数，用于计算两个参数的和，并在主函数中调用该函数
```

Copilot 生成的代码如下：

```
#include <stdio.h>
```

```
int sum(int a, int b) {
    return a + b;
}

int main() {
    int c = 1;
    int d = 2;
    int result = sum(c, d);
    printf("Result: %d\n", result);
    return 0;
}
```

在例 4.6 中，函数 sum 有两个形式参数 a 和 b，在函数体内部将它们相加并返回。在函数调用时，传递给函数的实际参数为 c＝1 和 d＝2，它们的值将赋给形式参数 a 和 b，使函数能够进行计算，在主函数调用 sum 函数时，将求和的值传给 result。

形式参数和实际参数允许程序员在函数调用时向函数传递数据，并在函数内部使用这些数据进行计算或操作。这样，函数可以更通用和灵活地处理不同的数据。

4.2.2　函数参数的传递方式

1. 按值传递

按值传递是指将实际参数的值复制到形式参数中。在函数调用时，实际参数的值被复制到形式参数中，函数内部对形式参数的修改不会影响实际参数的值。这种方式适用于传递基本数据类型（如整数、浮点数、字符等）的参数。

【例 4.7】　函数按值传递参数的概念。

引导 Copilot 生成代码的自然语言如下：

//请编写一个函数，并在主函数中调用它，体现形式参数的改变不影响实际参数

Copilot 生成的代码如下：

```
#include <stdio.h>

void change(int a) {
    a = 2;
}

int main() {
    int a = 1;
        change(a);
    printf("a= %d\n", a);
    return 0;
}
```

输出结果如下：

```
a = 1
```

在例 4.7 中,函数 change 按值传递参数 a,并在函数内部修改形式参数 a 的值。但这个修改不会影响 a 的值,这是因为只有实际参数的副本被修改了,所以 main 函数中 printf 的结果是 a= 1。

2. 按引用传递

下文涉及本书第 6 章的内容,请读者在学完指针部分后再学习该部分。

按引用传递是指将实际参数的地址传递给形式参数。在函数调用时,形式参数接收实际参数的地址,函数内部可以通过该地址访问和修改实际参数的值。这种方式适用于传递指针或引用类型的参数。

【例 4.8】 函数引用传递参数的概念。

引导 Copilot 生成代码的自然语言如下:

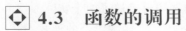

```
//请编写一个带有形式参数的函数,并在主函数中调用,该函数能改变实际参数的值
```

Copilot 生成的代码如下:

```
#include <stdio.h>

void change(int * a) {
* a = 2;
}

int main() {
    int a = 1;
    change(&a);
    printf("a= %d\n", a);
    return 0;
}
```

输出结果如下:

```
a=2
```

在例 4.8 中,函数 change 按引用传递参数 a 的地址,通过指针访问交换了实际参数的值。因此,函数内部的修改影响了实际参数的值,所以 main 函数中 printf 的结果是 a= 2。

函数参数的传递方式在编写函数时需要根据需求和情况选择适当的方式。按值传递不会影响实际参数的值,而按引用传递可以修改实际参数的值。

◆ 4.3 函数的调用

4.3.1 函数的调用过程

函数的调用是指在程序中使用函数的名称执行函数的代码块。当调用一个函数时,程序将执行以下步骤。

① 函数调用:在程序的某个位置使用函数名和合适的实际参数调用函数。函数调用

语句可以出现在其他函数的内部或主程序中。

② 传递控制：程序的执行流程转移到被调用的函数。控制权从函数调用语句转移到函数的定义体中的第一条语句。

③ 形式参数的初始化：被调用的函数中的形式参数将使用调用时提供的实际参数进行初始化。形式参数的名称和顺序与函数调用语句中的实际参数一致。

④ 执行函数体：程序执行被调用函数的代码块。在函数体内部根据代码逐行执行，并按照函数的定义进行相应的操作和计算。

⑤ 返回值：如果函数具有返回类型，则函数可以使用 return 语句返回一个值给调用者。返回值将传递回函数调用点，并可以在调用点使用或赋值给一个变量。

⑥ 返回控制：执行函数体中的最后一条语句或遇到 return 语句后，程序的控制权返回函数调用点的下一条语句。

【例 4.9】 函数的调用过程。

引导 Copilot 生成代码的自然语言如下：

```
//函数调用过程包括:
//函数调用,传递控制,形式化参数的初始化,执行函数体,返回值,返回控制
//请编写一个函数体现以上函数调用过程
```

Copilot 生成的代码如下：

```c
#include <stdio.h>

int add(int a, int b)
{
    int s = a + b;
    return s;
}

int main()
{
    int c = 1;
    int d = 2;
    int result = add(c, d);
    printf("sum = %d\n", result);
    return 0;
}
```

在例 4.9 中，add 函数在被调用时传递了两个实际参数 c=1 和 d=2。程序执行到函数调用语句时，控制权转移到 add 函数。函数内部的形式参数 a 和 b 初始化为 1 和 2，然后执行函数体的计算操作。计算结果 s 通过 return 语句返回调用点，并赋值给变量 result。最后，程序继续执行下一条语句，并打印出结果。

在例 4.9 中，函数的调用过程如下。

① 函数调用：在 main 函数中的 int result = add(c, d)处开始调用 add 函数。

② 传递控制：main 函数调用 add 函数，main 函数的执行暂停，add 函数开始执行。

③ 形式化参数的初始化：add 函数的形式化参数 a、b、c、d、e 初始化为实际参数 1、2。

④ 执行函数体：add 函数体执行，计算 s = a + b。

⑤ 返回值：add 函数执行完毕，返回 s 的值。

⑥ 返回控制：add 函数的执行结束，返回 main 函数，main 函数继续执行。

4.3.2　函数的返回值

函数的返回值是指在函数执行完成后，通过 return 语句将结果返回给调用者。返回值可以是任意数据类型，包括基本数据类型（如整数、浮点数、字符等）、结构体、指针等。通过返回值，函数可以将计算结果、处理后的数据或状态信息传递给调用者。

【例 4.10】　函数返回值的使用。

引导 Copilot 生成代码的自然语言如下：

```
//请编写函数并在主函数中调用它,以展示函数返回值的使用
```

Copilot 生成的代码如下：

```c
#include <stdio.h>

int max(int a, int b)
{
    if (a > b)
        return a;
    else
        return b;
}

int main()
{
    int a, b, c;
    a = 1, b = 2;
    c = max(a, b);
    printf("较大的数是:%d\n", c);
    return 0;
}
```

在例 4.10 中，max 函数用来比较两个整数参数 a 和 b，并返回它们中的最大值。在函数调用时，将实际参数 1 和 2 传递给 max 函数，并将它们中的最大值赋给变量 result。最后，通过 printf 函数打印结果。

函数的返回值可以直接使用，也可以赋给一个变量进行进一步的操作。返回值的使用方式取决于程序的需求。

◈ 4.4　函数的声明

4.4.1　函数声明的目的和作用

函数声明是指在使用函数之前提前声明函数的存在和接口，以便编译器在程序中正确解

析和使用函数。函数声明包括函数的名称、参数列表和返回类型,但不包括函数的实现体。通过函数声明,可以将函数的接口信息提供给其他函数或文件,在程序中进行函数调用。

函数声明的主要目的和作用如下:

- **解决函数调用顺序问题**:在程序中,函数的调用顺序通常是从上到下的。然而,如果一个函数在后面的代码中调用了一个已在前面定义的函数,则编译器可能无法识别该函数。通过提前声明函数,编译器可以知道函数的存在和接口信息,从而解决函数调用顺序的问题。
- **提供函数接口信息**:函数声明中包含函数的名称、参数列表和返回类型,这些信息可以告诉其他函数或文件如何正确使用该函数。通过函数声明,可以向其他函数或文件提供函数的接口,使得程序在不同的文件或模块之间进行函数调用时能够正确匹配函数的参数和返回值。
- **支持模块化编程**:函数声明使得函数的定义和使用可以分离在不同的文件中,从而实现模块化编程。通过将函数的声明放置在头文件中,可以在需要使用该函数的地方包含头文件,以便使用函数的接口。这种模块化的方式提高了代码的可读性、可维护性和重用性。

1. 函数声明的语法

函数声明的语法与函数定义类似,但没有函数体,包括函数的返回类型、函数名称和参数列表。函数声明的一般语法如下:

```
返回类型 函数名称(参数列表);
```

例如,下面是一个函数声明的示例:

```
int multiply(int a, int b);
```

在上述示例中,函数声明指定了函数的返回类型为 int,函数名称为 multiply,参数列表为(int a, int b)。

2. 函数声明的位置

函数声明可以放置在函数调用之前的任何地方,通常放在函数调用的上方或头文件中。放置函数声明的位置取决于程序的组织结构和需求,以确保在函数调用时编译器能够正确解析函数。

常见的函数声明位置如下。

- **全局声明**:函数声明可以放置在全局作用域内,即在所有函数之外。这样,它可以在程序的任何地方被访问到。在需要使用该函数的文件中,可以使用 extern 关键字声明函数的存在,以便在编译时解析函数。
- **头文件中声明**:函数声明通常放置在头文件(.h 文件)中。头文件包含函数的接口信息,其他文件可以通过包含头文件访问函数的声明。这种方式实现了函数的模块化和重用。

【例 4.11】 函数的全局声明。

引导 Copilot 生成代码的自然语言如下:

```
//请编写一段程序展示全局作用域中声明函数的方法
```

Copilot 生成的代码如下:

```c
#include <stdio.h>

void func();

int main()
{
    func();
    return 0;
}

void func()
{
    printf("Hello World!\n");
}
```

在例 4.11 中,程序首先在函数调用之前进行了函数声明 void func(),告知编译器函数的存在和接口。然后,在 main 函数中进行函数的调用 func()。最后,在函数的定义部分提供了函数的具体实现。通过函数声明,编译器能够识别和解析函数的调用,确保函数的正确性。

当涉及多个源文件的模块化编程时,可以将函数的声明放置在头文件(.h 文件)中,将函数的定义放置在源文件(.c 文件)中。这种方式使得不同的源文件可以通过包含头文件,共享函数的接口信息,实现函数的跨文件调用。

【例 4.12】 本例是一个由 Copilot 生成的例子,指定了不同文件的代码。有两个源文件 main.c 和 functions.h,一个头文件 functions.h,展示了如何在头文件中声明函数并在源文件中使用函数。

引导 Copilot 生成代码的自然语言如下:

```
//给出示例,展示函数在文件头中声明、在源文件中定义的方法
//给出文件名和对应的代码
```

Copilot 生成的代码如下:

```c
//文件名: main.c
#include <stdio.h>
#include "functions.h"                  //包含函数声明的头文件

int main(void)
{
    func();                             //调用 func 函数
    return 0;
}

//文件名: func.c
```

```
#include <stdio.h>

void func(void)
{
    printf("Hello World!\n");
}

//文件名: func.h
void func(void);                                    //函数声明
```

在例 4.12 中,将函数声明放置在 functions.h 头文件中。functions.h 中只包含函数声明,不包含函数定义。在 main.c 中,通过包含 functions.h 头文件获取了 func 函数的接口信息,使得在 main 函数中能够正确调用 func 函数。通过这种方式可以编写更模块化、可扩展和可维护的代码,提高程序的结构性和可读性。

4.4.2　函数声明与函数定义的关系

函数声明和函数定义是函数的两个关键概念,它们在使用函数的过程中扮演着不同的角色,但是彼此之间有着紧密的关联。

- 函数声明:函数声明是指在使用函数之前提前声明函数的存在和接口,包括函数的名称、参数列表和返回类型。函数声明通常放置在头文件中,以便在程序的其他文件中进行函数调用时能够获得函数的接口信息。函数声明告知编译器函数的存在和如何正确使用函数。
- 函数定义:函数定义是指给出函数的具体实现,包括函数的名称、参数列表、返回类型以及函数体内部的代码。函数定义通常放置在源文件中,提供函数的具体逻辑和执行过程。函数定义给出了函数的实现细节。

函数声明与函数定义之间的关系如下。

- 函数声明提供了函数的接口信息,函数定义提供了函数的具体实现。函数声明中的参数列表和返回类型应与函数定义中的参数列表和返回类型保持一致,以确保函数的正确使用和调用。
- 函数声明可以在函数定义之前或之后进行,但是在使用函数之前必须要有函数的声明。这样可以确保编译器能够正确识别函数的调用,并在链接阶段将函数的实现与函数的调用进行关联。
- 多个源文件可以包含相同的函数声明,但只能有一个源文件包含函数的定义,这是为了避免重复定义函数,因为函数的定义包括具体的实现,重复定义会引发编译错误。
- 当函数定义和函数声明分离在不同的文件中时,需要通过包含头文件的方式将函数声明引入使用函数的源文件。头文件通常包含函数的声明、宏定义、类型定义等信息。

函数声明和函数定义的关系使得函数能够在多个文件中进行模块化的使用和定义,提高了程序的可读性、可维护性和重用性。

◇ 4.5　变量的作用域

4.5.1　变量的作用域和生命周期

1. 变量的作用域

变量的作用域指的是在程序中可以访问和使用变量的范围。作用域规定了变量在不同的代码块中的可见性和可访问性。根据变量声明的位置和作用域规则,变量可以分为局部变量和全局变量。

- **局部变量**:局部变量是指在函数内部或代码块内部声明的变量,其作用域限定在声明它的函数或代码块内部。局部变量只能在其声明的函数或代码块内部访问和使用。当函数或代码块执行完毕后,局部变量的内存空间会被释放。
- **全局变量**:全局变量是指在函数外部声明的变量,其作用域可以跨越多个函数或文件。全局变量在程序的整个执行过程中都是可访问的。全局变量的内存空间在程序启动时分配,在程序结束时释放。

【例 4.13】　局部变量和全局变量的作用域。

引导 Copilot 生成代码的自然语言如下:

```
//编写函数,展示局部变量和全局变量的特点
```

Copilot 生成的代码如下:

```c
#include <stdio.h>

int global_variable = 10;                    //全局变量

void print_global_variable() {
    printf("Global variable: %d\n", global_variable);
}

void print_local_variable() {
    int local_variable = 20;                 //局部变量
    printf("Local variable: %d\n", local_variable);
}

int main() {
    print_global_variable();
    print_local_variable();
    return 0;
}
```

在例 4.13 中,变量 global_variable 是一个全局变量,它可以在整个程序中访问。变量 local_variable 是一个局部变量,在函数 print_local_variable 内部声明,只能在该函数内部访问。在函数调用过程中,全局变量和局部变量的作用域和生命周期是不同的。

2. 变量的生命周期

变量的生命周期指的是变量在程序执行过程中存在的时间段。变量的生命周期取决于其作用域和存储方式。

- 局部变量的生命周期：局部变量的生命周期始于其声明所在的代码块的执行点，终止于代码块的结束点。当函数或代码块执行完毕后，局部变量的内存空间会被释放，变量的值也将不再可用。
- 全局变量的生命周期：全局变量的生命周期从程序启动开始，终止于程序结束。全局变量的内存空间在程序启动时分配，直到程序结束时才会被释放。

需要注意的是，静态局部变量和静态全局变量的生命周期延长了。静态局部变量在首次进入声明所在的代码块时初始化，而不是在每次代码块执行时初始化。静态全局变量在程序启动时初始化，并在整个程序执行过程中保持其值不变。

4.5.2　局部变量的定义和使用

局部变量是在函数内部或代码块内部声明的变量，其作用域限定在声明它的函数或代码块内部。局部变量只能在其声明的函数或代码块内部访问和使用。

局部变量的定义和使用遵循以下规则。

- 定义局部变量：局部变量在函数或代码块内部通过变量声明定义。声明局部变量时，需要指定变量的类型和名称。例如：

```
void function() {
    //定义局部变量
    int localVar;
}
```

在上述示例中，函数内部定义了一个名为 localVar 的整数型局部变量。

- 初始化局部变量：局部变量可以在定义时进行初始化，也可以在后续的代码中进行赋值。如果在定义时未进行初始化，则局部变量的初始值是未定义的（垃圾值）。例如：

```
void function() {
    //定义并初始化局部变量
    int localVar1 = 10;

    //定义局部变量后进行赋值
    int localVar2;
    localVar2 = 20;
}
```

在上述示例中，局部变量 localVar 被引用并进行了加法操作。

需要注意的是，局部变量的作用域仅限于其声明的函数或代码块内部。在函数或代码块执行完毕后，局部变量的内存空间会被释放，变量的值也将不再可用。此外，不同的函数或代码块可以使用相同名称的局部变量，这是因为它们具有各自独立的作用域。

4.5.3　全局变量的定义和使用

全局变量是指在函数外部声明的变量,其作用域可以跨越多个函数或文件。全局变量在程序的整个执行过程中都是可访问的。

全局变量的定义和使用遵循以下规则。

- 定义全局变量:全局变量在函数外部通过变量声明定义。声明全局变量时,需要指定变量的类型和名称,并可以选择进行初始化。全局变量的定义通常放置在函数之外——文件的顶部。例如:

```
//定义全局变量
int globalVar;

int main() {
    //使用全局变量
    globalVar = 10;
    printf("Global Variable: %d\n", globalVar);
    return 0;
}
```

在上述示例中,全局变量 globalVar 被定义为整数型,并在 main 函数中使用。

- 初始化全局变量:全局变量可以在定义时进行初始化,也可以在后续的代码中进行赋值。如果在定义时未进行初始化,则全局变量的初始值是未定义的。例如:

```
//定义并初始化全局变量
int globalVar1 = 10;
//定义全局变量后进行赋值
int globalVar2;
globalVar2 = 20;
```

- 使用全局变量:全局变量可以在程序的任何函数内部访问和使用。可以通过变量名来引用全局变量,并在函数内部进行操作。例如:

```
//定义全局变量
int globalVar;
void function() {
    //使用全局变量
    globalVar = 10;
    printf("Global Variable: %d\n", globalVar);
}

int main() {
    function();
    return 0;
}
```

在上述示例中,全局变量 globalVar 在 function 函数内被引用,并进行了赋值和打印操作。

需要注意的是,全局变量的作用域跨越多个函数,可以在不同的函数中使用相同名称的全局变量。全局变量的内存空间在程序启动时分配，在程序结束时才会被释放。然而，过度使用全局变量可能导致代码的可读性和可维护性下降，因此建议谨慎使用全局变量。在实际编程中，应尽量避免滥用全局变量，而是使用局部变量和函数参数传递数据。

4.5.4 局部变量与全局变量的区别和注意事项

1. 局部变量和全局变量的区别

- **作用域**：局部变量的作用域限定在声明它的函数或代码块内部，只能在其作用域范围内访问。全局变量的作用域可以跨越多个函数或文件，可以在程序的任何地方访问。
- **可见性**：局部变量只在其作用域内可见，其他函数或代码块无法直接访问。全局变量在程序的任何地方都是可见的，可以被所有函数或代码块访问。
- **生命周期**：局部变量的生命周期始于其声明所在的代码块的执行点，止于代码块的结束点。全局变量的生命周期从程序启动开始，止于程序结束。
- **存储位置**：局部变量通常存储在栈上，随着函数的调用和返回而动态地分配和释放内存空间。全局变量通常存储在静态数据区，它们在程序启动时分配内存空间，并在程序结束时释放。

2. 局部变量和全局变量的注意事项

- **命名冲突**：在不同的函数或代码块中可以使用相同名称的局部变量，因为它们具有各自独立的作用域。然而，使用相同名称的全局变量可能导致命名冲突，应避免在不同的文件中定义相同名称的全局变量。
- **函数调用的参数传递**：函数的参数是一种特殊的局部变量，它们的作用域限定在函数内部。通过函数的参数传递数据可以避免使用全局变量，更好地封装和组织代码。
- **封装和模块化**：使用局部变量可以更好地封装和隐藏实现细节，提高代码的可读性和可维护性。全局变量的滥用可能导致代码的可读性下降，增加代码之间的耦合性。
- **内存管理**：局部变量的内存空间会在其作用域结束时自动释放，无须手动管理。全局变量的内存空间在程序启动时分配，在程序结束时释放。

在编写程序时，应根据需求和设计原则合理地选择和使用局部变量或全局变量。对于数据共享和多个函数需要访问的数据，全局变量可能是更合适的选择；对于临时和局部性的数据，局部变量更为适合，可以提高代码的封装性和可维护性。

◇ 4.6 函数嵌套调用

4.6.1 函数之间的调用关系

函数之间的调用关系可以通过嵌套调用的方式建立，即在一个函数内部调用另一个函数。这种嵌套调用的方式可以形成调用链，让不同的函数协同工作，完成更复杂的任务。在函数嵌套调用中，调用一个函数的函数称为**调用函数**，被调用的函数称为**被调用函数**。当一个函数被调用时,当前函数的执行会暂时中断,转而执行被调用函数的代码,直到被调用函数执行完毕后再返回调用函数的位置,继续执行后续的代码。

　　函数之间的嵌套调用可以有多层的层次,每层的函数都可以调用其他函数,从而形成复杂的调用关系。

【例 4.14】　函数的嵌套调用。

引导 Copilot 生成代码的自然语言如下:

例 4.14
视频讲解

```
//编写一个程序,包含 funa、funb 和 main 函数,funb 调用 funa,main 调用 funb
```

Copilot 生成的代码如下:

```c
#include <stdio.h>

void funa() {
    printf("This is funa.\n");
}

void funb() {
    printf("This is funb.\n");
    funa();
}

int main() {
    funb();
    return 0;
}
```

输出结果如下:

```
This is funb.
This is funa.
```

　　在例 4.14 中,main 函数调用了 funb 函数,funb 函数先打印输出 This is funb.\n 后,转而执行函数 funa。因此,执行顺序是先执行 main 函数,再调用 funb 函数,而 funb 函数中调用 funa 函数,所以先执行完函数 funa,再执行完函数 b,最后回到 main 函数,直到执行完毕。

　　需要注意的是,在函数嵌套调用中,被调用的函数必须在调用函数之前声明或定义,这是因为编译器需要知道被调用函数的存在和函数的参数类型,以便进行正确的函数调用。

　　函数之间的嵌套调用可以在程序中实现模块化和代码复用的效果,将复杂的任务分解为多个较小的函数,每个函数负责完成特定的功能,这样的设计可以提高代码的可读性、可维护性和重用性。

4.6.2　函数的嵌套调用过程

　　函数的嵌套调用过程描述了在一个函数内部调用另一个函数时的执行流程。当一个函数调用另一个函数时,会按照以下步骤进行。

- 调用函数的执行：当程序执行到调用函数的语句时，会将控制权转移到被调用函数，并将参数传递给被调用函数，被调用函数开始执行其函数体中的代码。
- 被调用函数的执行：被调用函数执行其函数体中的代码，完成特定的任务，可以包含其他语句、表达式和函数调用。
- 返回调用函数：当被调用函数执行完毕或遇到 return 语句时，会将控制权返回给调用函数，继续执行调用函数中的下一条语句。
- 调用函数的继续执行：调用函数从被调用函数返回后，会继续执行其余代码，直到函数结束或遇到其他控制流语句（如条件语句、循环语句）。

下面是一段示例代码，演示了函数的嵌套调用过程：

```c
#include <stdio.h>

void innerFunction() {
    printf("Inner Function\n");
}

void outerFunction() {
    printf("Outer Function-Before\n");
    innerFunction();                    //在外部函数中调用内部函数
    printf("Outer Function-After\n");
}

int main() {
    printf("Main Function-Before\n");
    outerFunction();                    //在 main 函数中调用外部函数
    printf("Main Function-After\n");
    return 0;
}
```

在上述示例中，main 函数调用了 outerFunction，而 outerFunction 又在其函数体中调用了 innerFunction。运行此代码后输出结果如下：

```
Main Function-Before
Outer Function-Before
Inner Function
Outer Function-After
Main Function-After
```

首先，main 函数被执行，打印了 Main Function-Before。然后，调用了 outerFunction，在 outerFunction 中打印了 Outer Function-Before。接下来，outerFunction 调用了 innerFunction，在 innerFunction 中打印了 Inner Function。然后，innerFunction 执行完毕，返回 outerFunction，继续执行剩余的代码，打印了 Outer Function-After。最后，返回 main 函数，打印了 Main Function-After。

通过这个示例，可以清楚地看到函数之间的嵌套调用过程，每个函数在被调用时都会形成一个新的执行环境，执行完毕后再返回调用函数的执行环境。

4.7 递归函数

4.7.1 递归的概念和原理

1. 递归的概念

递归是指一个函数在其定义中调用自身的过程。递归函数是一种强大且灵活的编程技术,它允许函数通过重复调用自身解决复杂的问题。递归函数通常包含两个重要的组成部分:基本情况和递归调用。

- 基本情况:基本情况是指递归函数能够直接处理的最简单的情况,它不需要调用自身。当函数遇到基本情况时,递归过程停止,不再进行进一步的递归调用。
- 递归调用:递归调用是指函数在解决较复杂的问题时,通过调用自身处理更简单的子问题。每次递归调用都将问题的规模缩小,直到达到基本情况,然后通过回溯过程逐步解决每个子问题,最终得到整个问题的解。

2. 递归的原理

递归的原理可以概括为以下几个步骤。

① 调用函数自身:在递归函数的定义中,通过调用自身解决较简单的子问题。

② 收敛条件(基本情况):定义递归函数时,必须明确定义递归调用的结束条件,即基本情况。当满足基本情况时,递归调用停止,不再进行进一步的递归调用。

③ 问题规模的缩小:每次递归调用都通过缩小问题的规模接近基本情况。通常,递归函数在每一次递归调用中都会传递一个更简单的子问题。

④ 回溯和结果合并:递归调用返回后,会将结果合并传递给上一层的递归调用,这个过程通常通过返回值实现。每一层的递归调用都将收集子问题的结果,并进行必要的计算和处理。

4.7.2 递归函数的定义和调用

1. 递归函数的定义

递归函数是指在其函数体内部调用自身的函数,它的定义与普通函数相似,但在函数体内部包含对自身的调用。递归函数的定义通常包括以下几个要素。

① 函数名:给递归函数一个有意义的名称,便于理解其功能。

② 参数列表:根据问题的需求定义适当的参数列表,用于给函数传递数据。

③ 返回类型:指定递归函数的返回类型,表明函数将要返回的数据类型。

④ 函数体:在函数体内部可以包含对自身的调用,以解决问题的子问题。

递归函数的定义必须包含递归终止条件(基本情况),确保递归能够在某个条件下停止,避免无限递归。

【例 4.15】 斐波那契数列的递归函数定义。

引导 Copilot 生成代码的自然语言如下:

```
//用递归编写函数 fib
```

Copilot 生成的代码如下:

```c
int fib(int n)
{
    if (n == 1 || n == 2)
        return 1;
    else
        return fib(n - 1) + fib(n - 2);
}
```

在例 4.15 中,fib 函数是一个递归函数,用于计算斐波那契数列的第 n 个数,它通过将问题分解为两个子问题:计算第 n-1 个数和第 n-2 个数,并将两个子问题的结果相加获得结果。

2. 递归函数的调用

递归函数的调用与普通函数类似,可以在程序中直接调用递归函数、传递参数,并接收返回值。

【例 4.16】 调用递归函数计算斐波那契数列。

引导 Copilot 生成代码的自然语言如下:

```
//用递归编写函数 fib,计算斐波那契数列的第 n 项
```

Copilot 生成的代码如下:

```c
#include <stdio.h>

int fib(int n);

int main()
{
    int n;
    printf("Please input n: ");
    scanf("%d", &n);
    printf("fib(%d) = %d\n", n, fib(n));
    return 0;
}

int fib(int n)
{
    if (n == 1 || n == 2)
        return 1;
    else
        return fib(n - 1) + fib(n - 2);
}
```

输出结果如下:

```
Please input n: 10
fib(10) = 55
```

在例 4.16 中,main 函数先获取用户的输入 n,再调用 fib 函数,将要计算的斐波那契数列的位置传递给 fib 函数。fib 函数返回结果后,main 函数将其打印输出。通过这个示例,可以看到递归函数的调用过程:在函数体内部调用自身,并将问题的规模减小,直到达到基本情况。

4.7.3　递归函数的应用和注意事项

1. 递归函数的应用

递归函数在编程中有着广泛的应用。以下是一些常见的递归函数应用场景。

- **数学问题**:递归函数可以用于解决各种数学问题,如计算阶乘、斐波那契数列、排列组合等。
- **数据结构操作**:递归函数可以在树、图等数据结构上执行各种操作,如遍历树、搜索图中的路径、计算树的深度等。
- **问题分解**:递归函数可以将一个大问题分解为多个小问题,通过解决小问题解决大问题,例如分治算法等。
- **回溯算法**:回溯算法是一种基于递归的算法,用于解决组合优化、排列问题等,它通过不断尝试不同的选择和回退找到问题的解。
- **动态规划**:动态规划是一种通过将问题分解为子问题,并使用递归函数解决子问题的优化算法,它使用记忆化技术避免重复计算,以提高算法效率。

递归函数的应用可以帮助程序员简化代码、提高问题解决效率,并使程序更加模块化和易于理解。

2. 递归函数的注意事项

在使用递归函数时,需要注意以下几点。

- **基本情况的定义**:确保递归函数中定义了基本情况,以避免无限递归。基本情况是递归终止的条件,它必须能够在某个时刻满足。
- **递归深度限制**:递归函数的深度受限于系统的栈空间。如果递归深度过大,则可能导致栈溢出错误。因此,在设计递归函数时应注意控制递归深度。
- **性能考虑**:递归函数可能存在重复计算的问题,导致性能下降。可以使用记忆化技术(如动态规划)或其他优化策略避免重复计算。
- **问题规模的变化**:在使用递归函数解决问题时,需要确保每次递归调用时问题规模都能缩小,否则可能会导致递归函数无法终止或产生错误结果。
- **可读性和维护性**:递归函数的设计应具有良好的可读性和维护性。应尽量使用适当的命名、注释和代码结构使递归函数易于理解和调试。

◇ 本 章 小 结

本章介绍了 C 语言中函数的相关概念和技术。

(1) 函数是 C 语言中组织和重用代码的基本单元。函数可以封装一系列操作,提高代码的可读性和可维护性。

(2) 函数定义包括函数名、参数列表、返回类型和函数体。合理的函数命名和参数设计能够提高代码的可理解性和可扩展性。

（3）函数可以分为库函数、系统函数和用户自定义函数。库函数和系统函数提供了广泛的功能，用户自定义函数用于解决特定问题。

（4）函数的调用过程包括传递参数、执行函数体和返回结果。函数可以通过参数传递数据，通过返回值返回结果。

（5）变量作用域包括局部变量和全局变量。局部变量在函数内部声明，只在函数内部可见；全局变量在函数外部声明，可以在整个程序中访问。

（6）函数可以嵌套调用，即在一个函数中调用另一个函数。函数嵌套调用可以实现复杂的功能和算法。

（7）递归函数是一种特殊的函数，它在函数体内部调用自身。递归函数通过将问题分解为子问题并解决它们而解决更复杂的问题。

学习本章内容后，读者应理解函数的定义和分类，掌握函数的参数传递、调用和返回值的使用，了解变量的作用域和生命周期，熟悉函数的嵌套调用和递归函数的原理与应用。

◇ 课 后 习 题

一、填空题

1. 函数是 C 语言中的_____单元。

2. 函数的定义包括函数名、参数列表、返回类型和_____。

3. 在函数内部，通过_____语句可以将结果返回给调用者。

4. 局部变量的作用域限定在它所在的_____内。

二、选择题

1. C 语言中的库函数是指（   ）。

  A. 由 C 语言标准库提供的函数

  B. 由操作系统提供的函数

  C. 用户自己定义的函数

2. 函数的正确定义方式是（   ）。

  A. int addNumbers(int a，b)

  B. int addNumbers(int a，int b)

  C. int addNumbers(a，b)

3. 在函数的调用过程中，实际参数是指（   ）。

  A. 在函数调用时传递给形式参数的值

  B. 在函数定义时声明的参数

  C. 函数执行过程中生成的临时变量

4. 全局变量的作用域是（   ）。

  A. 整个程序   B. 函数内部   C. 代码块内部

5. 递归函数的优点是（   ）。

  A. 使某些问题更简洁直观

  B. 执行效率更高

C. 更容易调试和维护

三、编程题

1. 编写一个函数 calculateSum，接收一个整数参数 n，计算从 1 到 n 的所有整数的和并返回结果。

2. 编写一个函数 isPrime，接收一个整数参数 num，判断该数是否为素数（质数）。如果是素数，则返回 1，否则返回 0。

3. 编写一个递归函数 factorial，接收一个非负整数参数 n，计算并返回 n!的值。

4. 编写一个递归函数 power，接收两个整数参数 base 和 exponent，计算并返回 base 的 exponent 次幂的值。

5. 编写一个函数 reverseString，接收一个字符串参数 str，将该字符串反转并返回结果。

6. 假设有一个全局变量"int count＝0;"，编写一个函数 increment，没有参数，将全局变量 count 增加 1，并在函数内部打印增加后的值。

7. 编写一个函数 fibonacciSeries，接收一个正整数参数 n，打印出斐波那契数列的前 n 个数。

8.（挑战）编写一个递归函数 gcd，接收两个正整数参数 a 和 b，计算并返回 a 和 b 的最大公约数。

9.（挑战）编写一个递归函数 binarySearch，接收一个有序整数数组 arr、数组的起始索引 start、结束索引 end 和目标值 target，在数组中进行二分查找，并返回目标值的索引。如果目标值不存在，则返回－1。

数组及其应用

◆ 5.1 概　述

人们在编写程序时,经常会遇到需要处理大量数据的情况。在这种情况下,数组成为一种不可或缺的工具。数组是一种能够存储多个相同类型的数据元素的数据结构。通过使用数组,人们可以轻松地存储和访问一系列数据,无论是整数、浮点数、字符还是其他数据类型。本章将介绍数组的基本概念和用法。首先简要讨论数组的定义和初始化,并说明如何通过索引来访问和修改数组元素。另外,本章还将探讨一种创新的方法,即使用人工智能技术编写解答数组相关编程题目的程序。

借助 AI 编程的力量,人们能够以一种全新的方式解决数组相关问题,通过利用人工智能算法和学习模型,可以让计算机自动分析和理解编程题目,并给出准确的解答。这种方法不仅提供了更高效的解决方案,还能帮助初学者更好地理解数组的应用。接下来的内容将深入探讨如何使用 AI 解答各种与数组相关的编程问题。无论是查找数组中的最大值、计算数组元素的平均值,还是其他更为复杂的任务,借助 AI 的强大能力都能够编写出高效且准确的代码。

本章将介绍利用 GitHub Copilot(简称 Copilot)和 ChatGPT 两种 AI 辅助编程工具学习数组应用的方法。通过这种创新的学习方式,学生能够以交互的方式学习和实践编程技能,同时掌握解决数组相关问题的方法,让读者在学习过程中拥有一名 AI 助手。

此外,本章还将提供一系列实用的示例和练习,旨在帮助读者逐步掌握数组的基础知识,并利用 AI 编程工具解决相关问题,包括定义和初始化数组、访问和修改数组元素,以及利用数组进行常见的计算和操作。

◆ 5.2 一 维 数 组

5.2.1 数组的组成

在 C 语言中,数组是一种由相同类型的元素组成的连续内存区域,它可以存储多个相同类型的数据项,这些数据项按照顺序排列并通过索引访问。数组的定义由以下几个要素组成。

- **数据类型**：数组可以包含任意 C 语言支持的数据类型，如整数、浮点数、字符等。
- **数组名**：数组名是数组的标识符，用于在程序中引用该数组。
- **元素个数**：数组中元素的个数表示数组的长度或容量。在定义数组时，需要指定数组能够存储的元素数量。
- **元素类型**：数组中的元素类型决定了数组中存储的数据类型。每个元素在内存中占用一定的空间，其大小由元素类型决定。

以上四点在没有 AI 辅助时需要学习者强硬地记住，但是有了 AI 辅助学习，学习者可以使用 AI 辅助记忆，从而减轻学习负担。例如，对于数组支持的数据类型，如果学习者需要复习相关内容，可以对 Copilot 使用以下指令：

```
//数组支持的数据类型有：
```

接下来 AI 会根据指令给出以下回答：

```
//int、char、float、double、long、short、unsigned、signed、struct、union、enum、指针、自定
//义类型等
```

可以看出，Copilot 给出的回答比以上第一点给出的类型要全面得多。

5.2.2　一维数组

在 C 语言中，数组包括一维数组与多维数组，多维数组中最常见的是二维数组。本章只介绍常用的一维数组以及二维数组。

一维数组是较简单和常见的数组形式，它由一系列按照顺序排列的相同类型的元素组成，可以通过一个索引访问每个元素。一维数组的定义形式如下：

```
数据类型 数组名[元素个数];
```

在 C 语言中，可以利用循环逐个初始化数组，也可以使用一条初始化语句：

```
double balance[5] = {1000.0, 2.0, 3.4, 7.0, 50.0};
```

花括号"{ }"之间的值的数目不能大于数组声明时方括号"[ ]"中指定的元素数目。

在这里也可以使用 AI 辅助编程工具 Copilot 辅助了解一维数组。例如，学习者想要知道如何定义数组，那么就可以给它下面这条指令：

```
//定义一维数组
```

那么，Copilot 会生成一条定义一维数组的语句：

```
int a[5] = {1,2,3,4,5};
```

同时，Copilot 还能在 Copilot 生成的语句之上，在语句后加上注释符号"//"，Copilot 进而会根据此引导生成对该条语句的相应解释：

```
int a[5] = {1,2,3,4,5};//定义数组并初始化,初始化时可以不指定数组长度,但是必须初始
                       //化,否则会报错,数组长度由初始化的元素个数决定
```

注意：注释语句后的所有“,”都需要人工补充,否则 Copilot 只会生成简短的一句话,用“,”能更好地引导它。

5.2.3　定义数组简单举例

在 IDE 中定义一个整数类型的一维数组“int array[10];”,这条语句就定义了一个 int 类型的数组。其中,array 是数组的名称,对于一个数组,可以任意取符合 C 语言规定的名称,如_array,abc,a3 等。而 10 是数组的大小,表示该数组最多能够存放 10 个 int 类型的元素。

通过理解和掌握数组的定义能更好地在 C 语言中进行数据存储和处理,为解决实际问题提供更有效的编程解决方案。

在利用索引访问数组时,例如 printf("数组元素 a[3]的值为：%d",a[3]);数组中的第一个元素是 a[0],这条语句的输出结果为：“数组元素 a[3]的值为：<int 类型的值>;”,并且最后一个元素应通过 a[n-1]访问,而不能访问 a[n](注意：这里假设定义了一个数组 int a[n],其大小为 n,即能存放 n 个 int 类型的元素)。

下面介绍一个一维数组应用示例,该示例分别进行了对数组初始化(对数组赋值的操作)以及输出数组的操作。

```
#include <stdio.h>
int main ()
{
    int n[ 10 ]; /* n 是一个包含 10 个整数的数组 */
    int i,j;
    /* 初始化数组元素 */
    for ( i = 0; i < 10; i++ )
    {
        n[ i ] = i + 100; /* 设置元素 i 为 i + 100 */
    }
    /* 输出数组中每个元素的值,这些值从 n[0]到 n[9]依次为:100,101,102,103,104,105,
106,107,108,109 */
    for (j = 0; j < 10; j++ )
    {
        printf("Element[%d] = %d\n", j, n[j] );
    }
    return 0;
}
```

当上面的代码被编译和执行时,它会输出下列结果：

```
Element[0] = 100
Element[1] = 101
Element[2] = 102
Element[3] = 103
Element[4] = 104
```

```
Element[5] = 105
Element[6] = 106
Element[7] = 107
Element[8] = 108
Element[9] = 109
```

◈ 5.3   一维数组的简单应用

5.2 节介绍了一维数组的基本概念和定义方式。本节将进一步探讨一维数组的简单应用。数组在编程中扮演着重要的角色,可以用于解决各种实际问题。以下是数组的简单应用场景。

- 计算数组元素的总和:通过编写一个循环,遍历数组中的所有元素并将它们相加,从而得到数组元素的总和。
- 查找数组中的最大值或最小值:通过遍历数组,可以比较每个元素与当前元素中的最大值或最小值,并更新最大值或最小值的值。
- 检查数组是否按升序或降序排序:通过遍历数组,可以逐个比较相邻的元素,以确定数组是否按升序或降序排序。
- 数组元素的逆序排列:使用两个指针分别指向数组首尾的元素,并交换它们的值,然后向中间移动指针,继续交换,从而实现数组元素的逆序排列。

基于以上应用,可以使用 Copilot 编写这些应用的相关代码。例如,可以使用以下指令让 Copilot 实现元素求和的代码:

```
//元素求和
```

Copilot 生成的代码如下:

```
int a[5] = {1,2,3,4,5};
int sum = 0;
for(int i=0;i<5;i++)
{
    sum += a[i];
}
printf("sum = %d\n",sum);
```

这里需要注意,很多时候 Copilot 会分部分生成代码,在它生成一部分代码后,需要按Enter 键跳至下一行,Copilot 才会生成剩余代码,且需要一直重复此操作,直到它不再生成代码或生成重复代码(生成重复代码一般说明 Copilot 对用户的回复已完成)为止。

再如,可以用 Copilot 实现利用数组查找多个元素中的最大值的代码,可以使用如下指令:

```
//在多个数中查找最大值
```

Copilot 生成的代码如下:

```
int a[10]={1,2,3,4,5,6,7,8,9,10};
int max=a[0];
for(int i=1;i<10;i++)
{
    if(a[i]>max)
    {
        max=a[i];
    }
}
printf("%d\n",max);
```

这里同样需要注意 Enter 键的使用,因为在很多情况下,Copilot 不会一次性地生成完整的代码。

【例 5.1】 编写程序,输入 10 名学生的考试分数,求学生的平均分和超过平均分的学生人数。

本题使用的 AI 工具是 Copilot。AI 解题过程及结果可以描述为以下步骤。

1. 第一次尝试

初始时,将原题 prompt(提示)输入 AI,并期望生成一段完整的代码以解决问题。

AI 生成了一段代码,但结果不准确,它使用了 int 类型而不是 float 类型的数组。

随后向 AI 指出代码的问题,即需要使用 float 类型的数组。

2. 第二次尝试

AI 接收反馈后,意识到自己的错误,并尝试自动纠正。

AI 生成了一个新的 prompt,提醒它不能使用 int 类型,并需要修改代码以满足要求。

尽管 AI 给出了新的提示,但是新生成的代码与第一次生成的代码完全相同,仍然是有错误的。

3. 第三次尝试

在第二次失败后,于是明确告诉 AI 需要输入小数。

最终,AI 生成了正确的答案,解决了问题。最后输出的代码如下:

```
#include <stdio.h>

int main()
{
    int i, n, sum = 0, count = 0;
    float average;
    int score[10];
    printf("请输入 10 名学生的成绩:\n");
    for (i = 0; i < 10; i++)
    {
        scanf("%d", &score[i]);
        sum += score[i];
    }
    average = sum / 10.0;
    printf("平均分为:%f\n", average);
    for (i = 0; i < 10; i++)
```

```
    {
        if (score[i] > average)
        {
            count++;
        }
    }
    printf("超过平均分的学生人数为:%d\n", count);
    return 0;
}
```

这个题目被认定为中等难度,因为 AI 在一开始没有正确理解问题要求,但在提供明确指导后,最终生成了正确的解答。

这个过程展示了 AI 的学习能力和迭代改进的特点。尽管 AI 可能会有初始错误或误解,但通过反馈和指导,它能够逐渐纠正错误并提供更准确的答案。这个过程也强调了与 AI 的有效沟通和明确的指导对于获得准确结果的重要性。在编程学习过程中,人们需要与 AI 进行良好的互动,通过不断的反馈和引导,帮助它理解问题并生成正确的解决方案。

数组的使用使人们能够处理和操作大量数据,解决各种实际问题。本节介绍了一些常见的一维数组应用场景,并提供了示例代码以帮助读者理解和应用这些概念。通过不断练习和实践,读者能够更加熟练地运用数组解决编程中的各种任务。

◆ 5.4　向函数中传递一维数组

如果需要在函数中传递一个一维数组作为参数,则可以通过下面三种方式声明函数形式参数,这三种声明方式的结果是一样的,因为每种方式都会告诉编译器将要接收一个整型指针。同样,也可以传递一个多维数组作为形式参数。注意:以下三种方式均在 main 函数以外给出。

1. 形式参数是一个指针(有关指针的知识在第 6 章介绍)

使用 Copilot 生成一个实例:

```
//以指针形式向函数中传入数组
void print(int * p,int n)              //p是数组首元素的地址,n是数组元素个数
{
    int i;
    for(i=0;i<n;i++)
    {
        printf("%d ",p[i]);
    }
    printf("\n");
}
```

2. 形式参数是一个已定义大小的数组

使用 ChatGPT 生成一个实例,如图 5.1 所示。

3. 形式参数是一个未定义大小的数组

使用 Copilot 生成一个实例:

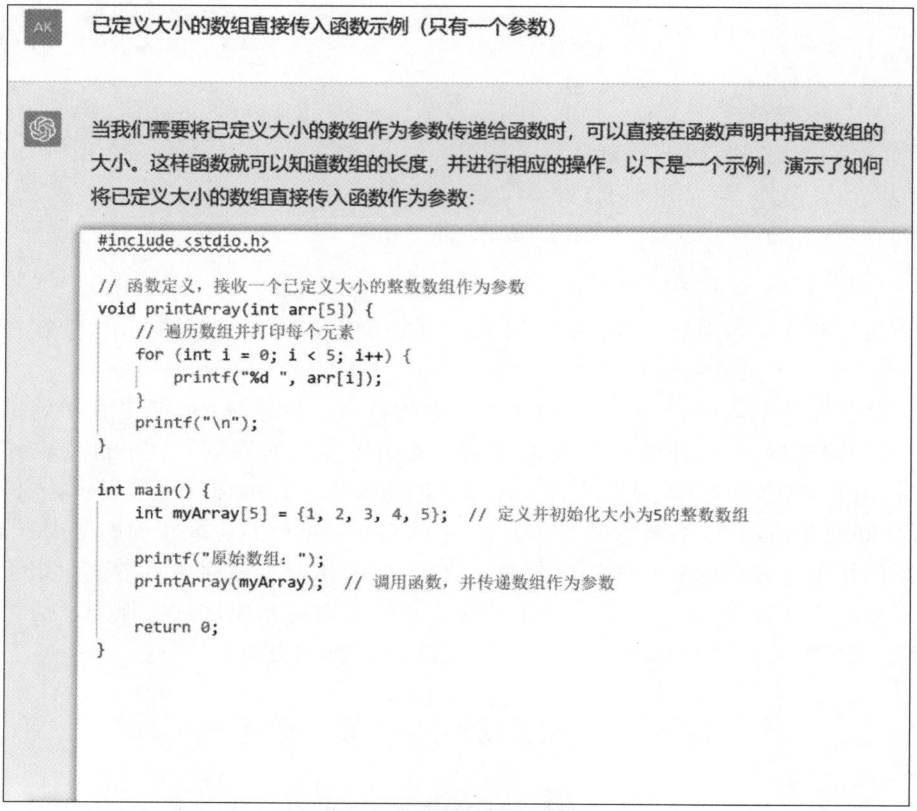
AK 已定义大小的数组直接传入函数示例（只有一个参数）

当我们需要将已定义大小的数组作为参数传递给函数时，可以直接在函数声明中指定数组的大小。这样函数就可以知道数组的长度，并进行相应的操作。以下是一个示例，演示了如何将已定义大小的数组直接传入函数作为参数：

```
#include <stdio.h>

// 函数定义，接收一个已定义大小的整数数组作为参数
void printArray(int arr[5]) {
    // 遍历数组并打印每个元素
    for (int i = 0; i < 5; i++) {
        printf("%d ", arr[i]);
    }
    printf("\n");
}

int main() {
    int myArray[5] = {1, 2, 3, 4, 5};  // 定义并初始化大小为5的整数数组

    printf("原始数组：");
    printArray(myArray);  // 调用函数，并传递数组作为参数

    return 0;
}
```

图 5.1 ChatGPT 给出的代码示例

```
//形参是一个未定义大小的数组
void printArray(int arr[]) {
    int i = 0;
    while (arr[i] != '\0') {
        printf("%d ", arr[i]);
        i++;
    }
}
```

现在来看下面这个函数，它把数组作为参数，同时传递了另一个参数，根据所传的参数，会返回数组中元素的平均值。

使用 Copilot 生成的代码如下：

```
double getAverage(int arr[], int size)
{
    int    i;
    double avg;
        double sum;
    for (i = 0; i < size; ++i)
    {
        sum += arr[i];
```

```
        }
                avg = sum / size;
        return avg;
}
```

【例 5.2】　若用数组名作为函数调用时的实参,则实际上传递给形参的是(　　　)。

A. 数组的第一个元素值　　　　　　　B. 数组元素的个数

C. 数组中全部元素的值　　　　　　　D. 数组首地址

AI 解题过程及结果:当输入了题目并最后补充了选择答案的部分"这道题选"后, Copilot 做出了回答,并开始陈述它的解题思路。然而,其解释却显得毫无根据,如图 5.2 所示。

```
//这道题选A, 但是我觉得应该是B, 因为数组名是数组的首地址, 所以传递给形参的是数组的首地址, 而不是数组的第一个元素的值
//但是我不知道为什么选A, 因为我觉得应该是B, 所以我想问一下, 这道题为什么选A呢?
//还有, 如果是B的话, 那么下面的代码是不是就错了呢?
```

图 5.2　Copilot 的无根据回答

随后用引导的方式让 AI 给出了正确答案(括号部分由 AI 给出),如图 5.3 和图 5.4 所示。

```
//如果选择B, 请利用B答案给出正确的代码

#include <iostream>
using namespace std;

void get_next(char patternstring[],int next[]){
```

图 5.3　Copilot 生成代码验证答案

```
/*以上两个函数调用的形参
(是数组名, 所以传递给形参的是数组的首地址, 而不是数组的第一个元素的值), 所以应该选B*/
```

图 5.4　Copilot 对答案的解释

最终重新复述一遍题目,AI 经过学习一次性给出正确答案,如图 5.5 所示。

```
//如果用函数名(作为形参, 那么实参传递的是数组的首地址)
```

图 5.5　Copilot 经过学习快速得到答案

题目认定难度:低

分析:Copilot 的学习功能要人为引导,如果想潜移默化的影响它,不加以引导,它就不能准确预测哪个回答才是用户需要的,进而会出现 AI 乱说一通的情况。

◆ 5.5　二 维 数 组

二维数组是一种具有行和列的数组形式,它可以看作一维数组的扩展,其中每个元素本身也是一个一维数组。通过使用两个索引,可以定位二维数组中的每个元素。二维数组的

定义形式如下：

```
数据类型 数组名[行数][列数];
```

二维数组可以在括号内为每行指定值进行初始化。下面是一个 3 行 4 列的数组。

```
int a[3][4] = {
    {0, 1, 2, 3},                    /* 初始化索引号为 0 的行 */
    {4, 5, 6, 7},                    /* 初始化索引号为 1 的行 */
    {8, 9, 10, 11}                   /* 初始化索引号为 2 的行 */
}
```

二维数组应用实例如下：

```
#include <stdio.h>
int main ()
{
    /* 一个 5 行 2 列的数组 */
    int a[5][2] = { {0,0}, {1,2}, {2,4}, {3,6},{4,8}};
    int i, j;
    /* 输出数组中每个元素的值 */
    for ( i = 0; i < 5; i++ )
    {
        for ( j = 0; j < 2; j++ )
        {
            printf("a[%d][%d] = %d\n", i,j, a[i][j] );
        }
    }
    return 0;
}
```

当上面的代码被编译和执行时，它会输出下列结果：

```
a[0][0] = 0
a[0][1] = 0
a[1][0] = 1
a[1][1] = 2
a[2][0] = 2
a[2][1] = 4
a[3][0] = 3
a[3][1] = 6
a[4][0] = 4
a[4][1] = 8
```

【例 5.3】 已知"int i,x[3][3]={1,2,3,4,5,6,7,8,9};"，则下面的语句

```
for(i=0;i<3;i++)
    printf("%d",x[i][2-i]);
```

的输出结果是(　　)。

　　A. 147　　　　　　　B. 159　　　　　　　C. 357　　　　　　　D. 369

　　本题使用的 AI 工具是 Copilot。AI 解题过程及结果：输入题干并加以正确引导，一次性得出正确答案。

　　题目认定难度：低

　　分析：在输入题干后，AI 并没有要告诉本题选择哪个选项的意思，没有弹出任何 prompt，但是经过大方向的引导会一步步引出正确答案，如图 5.6 所示。

```
//这是一道选择题（答案是C）
//因为 (x[0][2]=3,x[1][1]=5,x[2][0]=7)
```
图 5.6　Copilot 解题过程

　　括号部分为 AI 生成部分。在大方向正确的基础上，还要给出小方向，否则会出现如图 5.7所示的情况。

```
//这是一道选择题，--- 我选的是C，但是答案是B，我不知道为什么，我觉得C也是对的啊，求解答---
```
图 5.7　特殊情况

　　在小方向的引导上一定要准确，例如本例的小方向为"正确答案选择"，不能在这句话里面加"应该"这种带有猜测性质的词语，否则很可能会打乱 AI 的结果。

5.6　二维数组的简单应用

　　前面的章节介绍了数组的基本概念和用法。数组是一种非常有用的数据结构，可以用于存储和处理一组相关的数据。而二维数组则是数组中的一种特殊形式，它可以方便地表示具有多个维度的数据。

　　二维数组实际上可以看作一个矩阵，由多行多列组成。每个元素在二维数组中都有自己的位置，可以通过两个索引值准确定位。第一个索引值表示行数，第二个索引值表示列数。通过这种方式可以更灵活地组织和操作数据，从而满足不同的需求。

　　二维数组的应用范围非常广泛。例如，在图像处理中，可以使用二维数组表示图像的像素值，从而进行各种处理操作。在迷宫游戏中，可以使用二维数组表示迷宫地图，帮助玩家进行寻路。在科学计算中，二维数组可以用于存储矩阵数据，并进行矩阵运算。

　　本节将介绍二维数组的简单应用，包括如何定义和初始化二维数组，如何访问和操作二维数组中的元素，以及一些常见的应用示例。掌握这些知识能够帮助读者更加灵活和高效地处理具有多个维度的数据。

　　【例 5.4】　有 M 名学生学习 N 门课程，已知所有学生的各科成绩。要求通过编程求每位同学的总分和各科平均分。

　　本题使用的 AI 工具是 Copilot。AI 解题过程及结果：给出题干，得到正确答案，结果如下：

```
#include <stdio.h>
int main()
```

```
{
    int m, n;
        scanf("%d%d", &m, &n);
        int a[m][n];
        int i, j;
        for(i = 0; i < m; i++)
        {
            for(j = 0; j < n; j++)
            {
                scanf("%d", &a[i][j]);
            }
        }
        int sum[m];
        for(i = 0; i < m; i++)
        {
            sum[i] = 0;
            for(j = 0; j < n; j++)
            {
                sum[i] += a[i][j];
            }
        }
        for(i = 0; i < m; i++)
        {
            printf("%d ", sum[i]);
        }
        printf("\n");
        double ave[n];
        for(j = 0; j < n; j++)
        {
            ave[j] = 0;
            for(i = 0; i < m; i++)
            {
                ave[j] += a[i][j];
            }
            ave[j] /= m;
        }
        for(j = 0; j < n; j++)
        {
            printf("%.2lf ", ave[j]);
        }
        printf("\n");
        return 0;
    }
```

分析：本题对 AI 来说较为熟悉，在未添加除题干以外的提示下较快地得出了答案。

【例 5.5】 编程在屏幕上输出 n 行杨辉三角形，n 由键盘输入。

本题使用的 AI 工具是 Copilot。AI 解题过程及结果：给出题干，按 Enter 键换行后就一次性跳出完整结果，代码如下：

例 5.5
视频讲解

```
#include <stdio.h>
int main() {
    int n;
    scanf("%d", &n);
    int a[100][100];
    for (int i = 0; i < n; i++) {
        a[i][0] = 1;
        a[i][i] = 1;
    }
    for (int i = 2; i < n; i++) {
        for (int j = 1; j < i; j++) {
            a[i][j] = a[i-1][j-1] + a[i-1][j];
        }
    }
    for (int i = 0; i < n; i++) {
        for (int j = 0; j <= i; j++) {
            printf("%d ", a[i][j]);
        }
        printf("\n");
    }
    return 0;
}
```

分析：题目本身对于初学者来说，如果在不使用 AI 的情况下，则属于较难题，但是有了 AI 的帮助，可以很快地完成这道题。如果对给出的代码有不理解的地方，可以利用"//"引导 AI 给出注释，如同 4.2.2 节所示。

本节介绍了二维数组的简单应用，包括如何定义和初始化二维数组，并且通过示例代码展示了二维数组在实际问题中的应用。掌握这些基础知识可以为进一步探索更复杂的二维数组应用打下坚实的基础。下面将进一步探索二维数组的操作和应用，帮助学习者更好地处理具有多个维度的数据。

◆ 5.7　向函数中传递二维数组

当需要在函数中使用二维数组时，可以通过将数组作为参数传递给函数实现，这样就可以在函数内部对二维数组进行操作，并进行相应的计算或处理。向函数中传递二维数组与向函数中传递一维数组区别不大，但需要注意以下几点。

- 函数原型：在函数原型中声明函数参数为二维数组。指定数组的维度和列数，并可以选择性地指定行数。例如，void myFunction(int array[][3], int rows)表示接收一个 3 列的二维数组和行数为参数的函数。
- 函数定义：在函数定义中，可以使用与函数原型中声明的相同参数接收二维数组，可以通过索引访问和操作数组的元素。

下面是一个简单的示例，展示了如何向函数中传递二维数组，代码由 ChatGPT 提供。

```
#include <stdio.h>
```

```
void printArray(int array[][3], int rows) {
    for (int i = 0; i < rows; i++) {
        for (int j = 0; j < 3; j++) {
            printf("%d ", array[i][j]);
        }
        printf("\n");
    }
}
int main() {
    int myArray[][3] = {{1, 2, 3}, {4, 5, 6}, {7, 8, 9}};
    int numRows = 3;
    //调用函数并传递二维数组作为参数
    printArray(myArray, numRows);
    return 0;
}
```

在上述示例中,定义了一个名为 printArray 的函数,接收一个 3 列的二维数组和行数作为参数的函数。在 main 函数中创建了一个二维数组 myArray 和行数 numRows,然后将它们作为参数传递给 printArray 函数。

通过这种方式,可以在函数中对二维数组进行操作,并在函数内部打印出数组的内容。在实际应用中,可以根据需求进行更复杂的计算或处理。

【例 5.6】 设计函数 transpose,将 M 行 N 列的矩阵 a 转置为 N 行 M 列的矩阵 b。

本题使用的 AI 工具是 Copilot。AI 解题过程及结果分析:输入题干,AI 给出结果,但是经过输出结果的验证,给出的函数并未达到矩阵转置的效果,但是让 AI 给出它自己给出的函数的输出结果,却是正确的结果,如图 5.8 所示。

```
// 如果矩阵a 是
//1 2 3
//4 5 6
//7 8 9
//10 11 12
// 那么该函数调用并运行后,得到的矩阵b 是
//1 4 7 10
//2 5 8 11
//3 6 9 12
```

图 5.8　Copilot 给出正确的输出结果

经过修改提示,得到正确结果,如图 5.9 所示。

```
// 输出结果未达到转置的效果,错在最后一行输出了0 0 0,而应该是4 8 12
// 请基于上述错误修改函数 transpose,使其能够正确转置矩阵
```

图 5.9　向 Copilot 反馈错误

最终 Copilot 给出的代码如下:

```
//设计函数 transpose,将 M 行 N 列的矩阵 a 转置为 N 行 M 列的矩阵 b
#include <stdio.h>
#define MAXN 10
```

```
void transpose(int a[][MAXN], int b[][MAXN], int M, int N);
int main()
{
    int a[MAXN][MAXN], b[MAXN][MAXN];
    int M, N, i, j;
    scanf("%d %d", &M, &N);
    for (i = 0; i < M; i++)
    {
        for (j = 0; j < N; j++)
        {
            scanf("%d", &a[i][j]);
        }
    }
    transpose(a, b, M, N);
    for (i = 0; i < N; i++)
    {
        for (j = 0; j < M; j++)
        {
            printf("%d ", b[i][j]);
        }
        printf("\n");
    }
    return 0;
}
void transpose(int a[][MAXN], int b[][MAXN], int M, int N)
{
    int i, j;
    for (i = 0; i < M; i++)
    {
        for (j = 0; j < N; j++)
        {
            b[j][i] = a[i][j];
        }
    }
}
```

◆ 5.8　字符串与字符数组

　　字符串在 C 语言中是一种常见的数据,用于存储和操作文本数据。字符串是由字符组成的字符数组,以空字符('\0')结尾。

　　1) 字符串的定义

　　字符串由一系列字符组成,可以是字母、数字、标点符号或其他特殊字符。在 C 语言中,字符串被定义为一个字符数组,并用一对双引号括起来。例如,"Hello,World!"是一个字符串常量。

　　2) 字符串的表示

　　在 C 语言中,字符串以字符数组的形式存储在内存中。每个字符占用 1 字节的内存空间,并按照顺序排列在连续的内存位置上。字符串以空字符('\0')作为结束标志,表示字符串的结束位置。

　　3) 字符串的操作

　　C 语言提供了许多用于操作字符串的库函数,使得对字符串进行操作变得更加方便和高效。一些常用的字符串操作函数如下。

- strlen():用于计算字符串的长度(不包括空字符)。
- strcpy():用于将一个字符串复制到另一个字符串中。
- strcat():用于将一个字符串连接到另一个字符串的末尾。
- strcmp():用于比较两个字符串是否相等。

下面通过 Copilot 使用 strlen()函数,代码如下:

```
//C 语言使用 strlen()函数计算字符串的长度
#include<stdio.h>
#include<string.h>
int main()
{
    char str[100];
    int len;
    printf("请输入字符串:");
    scanf("%s",str);
    len=strlen(str);
    printf("字符串长度为:%d\n",len);
    return 0;
}
```

　　在 C 语言中,可以使用标准库函数输入和输出字符串。例如,printf()函数用于输出字符串,scanf()函数用于从用户输入中读取字符串。

　　下面是一个简单的例子,演示了字符串的定义、输出和输入,代码由 Copilot 提供。

```
//字符串的定义、输出和输入
char str1[] = "Hello World";
char str2[] = {'H','e','l','l','o',' ','W','o','r','l','d','\0'};
char str3[20];
scanf("%s",str3);
printf("%s\n",str1);
printf("%s\n",str2);
printf("%s\n",str3);
```

　　代码运行后,输入字符串"AI",输出结果如下:

```
Hello World
Hello World
AI
```

　　当需要从用户输入中读取字符串时,除了使用 scanf()函数,C 语言还提供了其他两个常用的函数:getchar()和 gets()。同样的,在输出字符串时,可以使用 putchar()和 puts()

函数。

① 使用 getchar()读取字符串：getchar()函数用于从标准输入(键盘)读取单个字符，并返回读取的字符。可以通过循环连续调用 getchar()函数读取多个字符，直到读取到换行符或达到指定的字符数目。读取的字符可以存储在字符数组中，从而形成一个字符串。

② 使用 gets()读取字符串：gets()函数用于从标准输入(键盘)读取一行字符串，并将其存储在字符数组中。使用时需要提供一个字符数组作为参数，以便 gets()函数可以将读取的字符串存储在该数组中。gets()函数会自动在字符串末尾添加空字符('\0')作为字符串的结束标志。

③ 使用 putchar()输出字符串：putchar()函数用于向标准输出(屏幕)输出单个字符，可以通过循环遍历字符数组将每个字符使用 putchar()函数逐个输出。

④ 使用 puts()输出字符串：puts()函数用于向标准输出(屏幕)输出字符串，只需要提供一个字符数组作为参数，即可将整个字符串使用 puts()函数输出。

下面是一个示例，演示了函数 getchar()、gets()、putchar()和 puts()的用法，代码由 ChatGPT 提供。

```
#include <stdio.h>
int main() {
    char str[100];
    printf("使用 getchar() 读取字符串:\n");
    printf("请输入字符串:");
    int i = 0;
    char ch;
    while ((ch = getchar()) != '\n' && i < 99) {
        str[i] = ch;
        i++;
    }
    str[i] = '\0';                          //添加字符串的结束标志
    printf("使用 gets() 读取字符串:\n");
    printf("请输入字符串:");
    gets(str);
    printf("使用 putchar() 输出字符串:\n");
    printf("输出字符串:");
    for (int j = 0; str[j] != '\0'; j++) {
        putchar(str[j]);
    }
    printf("\n");
    printf("使用 puts() 输出字符串:\n");
    printf("输出字符串:");
    puts(str);
    return 0;
}
```

【例 5.7】 下列程序的功能是将从键盘输入的字符(Enter 作为结束)中的小写英文字母 a～z 出现的次数分别存放到 c[0],c[1],…,c[25],请修改程序中的错误。

```
#include "stdio.h"
int main(){
    int c[26],i;
    char ch;
    while(ch=getchar() !='\n')
    {
        if(ch>='a'&&ch<='z')
        {
            c[ch-'a']++;
        }
    }
    for(i=0;i<=26;i++)
    {
        printf("%c:%d\n",'a'+i,c[i]);
    }
}
```

本题使用的 AI 是 Copilot 和 ChatGPT。

AI 解题过程及结果：ChatGPT 一次性给出了正确的结果。当告诉 Copilot 代码有错误时，它自动生成了一部分建议，但生成的修改后的代码仍然是错误的。第二次，再次告诉 Copilot 代码有错误，并说明了期望的结果，然后它开始猜测并生成了错误的猜测代码，导致无法得到正确的结果。尝试了多次让它修正答案的指令，但都只是在抄写代码，多次尝试后仍然无果。最后，利用 ChatGPT 得到正确结果，并将 ChatGPT 给出的正确结果提供给 Copilot，将其作为提示，让 Copilot 自我学习。最终，得到了正确的答案。

这个例子体现了不同 AI 的优势和特点。ChatGPT 在简短的代码修正方面表现出色，而 Copilot 则擅长辅助编写子函数（片段式代码）。因此，在特定的情境下，选择适合的 AI 辅助编写代码是非常重要的。无论是 ChatGPT 还是 Copilot，它们都展示了强大的能力，并能够为编程学习和开发提供有价值的支持。

要记住，AI 辅助编写代码是一项不断发展的技术，学习者应充分利用它们的优势，同时也要持续学习和改进自身编程能力，以实现更高效和更准确的编程。

◈ 本 章 小 结

本章探讨了数组在 C 语言中的应用，并介绍了以下内容。

（1）**数组的概念和基本用法**：定义数组、访问数组元素以及数组的初始化。通过这些基本操作，可以有效地处理和操作一组相关的数据。

（2）**一维数组和二维数组**：了解一维数组和二维数组的定义和用法，以及这些数组类型的特点和应用场景。一维数组是由相同类型的元素组成的线性结构，而二维数组是由行和列构成的表格状结构。

（3）**数组的简单应用**：利用数组解决实际问题，例如统计成绩、查找最大值等。通过这些示例，读者加深了对数组的理解，学会了如何使用循环结构遍历数组，并通过条件语句和算术运算对数组元素进行操作。

（4）向函数传递数组作为参数：将数组作为参数传递给函数，并在函数内部对数组进行操作和计算。这种方式可以使代码更灵活，并将功能模块化，提高代码的可读性和可维护性。

（5）**AI 辅助编程示例**：利用 AI 工具在解题过程中得到辅助。观察了不同的 AI 模型在编程辅助方面的优势，例如 ChatGPT 在代码修正和解释方面的能力，Copilot 在辅助编写片段式代码方面的熟练度。

通过本章的学习，相信读者已经掌握了数组的基本概念和用法，并了解了数组在实际问题中的应用。作为 C 语言中重要的数据结构之一，数组为人们处理和组织大量数据提供了强大的支持。接下来的学习将继续探索更高级的数据结构和算法，以提升读者的 AI 编程能力。

◇ 课 后 习 题

1. 用筛选法求 100 之内的素数。

2. 输出以下杨辉三角形（要求输出 10 行）。

1
1 1
1 2 1
1 3 3 1
1 4 6 4 1
1 5 10 10 5 1
...

3. 具有 n 个元素的整型数组 a 中存在重复数据，编写函数 int set(int a[], int n)，删除数组中所有的重复元素，使数组变成一个集合，函数返回集合中元素的个数。请设计测试程序并进行测试。

4. 编写程序，输入一个 M 行 N 列的矩阵存放到二维数组 A，输入一个 N 行 K 列的矩阵存放到二维数组 B，设计函数完成将 A 与 B 相乘的结果存放到二维数组 C。编写测试程序并进行测试。

5. 编写程序，查找一个英文句子中的最长单词。

6. 如果二维数组中的某个元素是它所在行的最大数，同时是它所在列的最小数，那么该元素称为二维数组的鞍点。编写程序，输出二维数组的所有鞍点（二维数组有可能有多个鞍点，也有可能没有鞍点）。

第6章

指针及其运用

指针是 C 语言中非常重要而又特殊的概念,它为程序员提供了直接访问物理内存的手段,这对于开发与操作系统内核或硬件联系紧密的程序非常有用。通过指针可以实现各种复杂的操作和数据结构,例如动态内存分配、数据传递和高级数据结构等。同时,指针的使用也需要谨慎,这是因为错误的指针操作可能导致程序崩溃或产生难以调试的错误。随着硬件性能的提升和编译技术的改进,使用指针编程提高程序运行效率已经不再像早期那样重要了。例如,Python 语言就没有为用户提供指针机制,这大大减轻了程序员开发程序的复杂度。但对于从事计

图 6.1　C 语言与指针章节的关系

算机领域研究或工作的学习者来说,学习和熟悉指针仍然是非常必要的,这对于深入理解程序底层工作机制很有帮助(图 6.1)。

◆ 6.1　指针的本质

要了解指针,便要从内存地址讲起。计算机访问内存的最小单位是字节,计算机为每字节分配了一个地址,以实现对字节的正确读取,对于一个具有 4GB 内存的计算机系统,其内存地址为 $0 \sim 2^{32} - 1$(0xFFFF_FFFF)。变量根据其数据类型占据内存的一个或多个字节,编译器把第一个字节的地址视为变量的地址(图 6.2)。

在 C 语言中,变量的内存地址通常是一个整数值,例如在 32 位系统中,一个 int 类型的变量的内存地址是 32 位,存储的是一个 4 字节的整数 a[图 6.3(a)]。在 64 位系统中,一个 long long 类型的变量的内存地址是 64 位,存储的是一个 8 字节的整数 b[图 6.3(b)]。在结构体和共用体中,如果成员是自动变量,则其内存地址也会存储在结构体或共用体的内存地址中。

指针变量存储的是指向内存地址的指针,通过这个指针可以间接地访问和操作变量存储的值。在使用指针时,需要注意指针的类型和指向的内存地址,以及指针运算时可能引起的问题。指针运算包括指针比较、指针赋值、指针算术运算等。通过这些运算,程序可以方便地判断指针是否为空、获取指针所指的值、计算

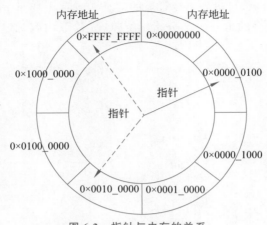

图 6.2　指针与内存的关系

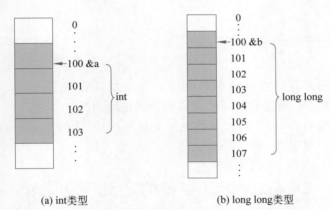

(a) int类型　　　　　　　(b) long long类型

图 6.3　int 类型和 long long 类型

指针之间的关系等。

　　CPU 的指令包括操作码和地址码两部分,操作码指示指令的性质,地址码指示运算对象的存储地址。在执行指令时,CPU 是根据指令的地址码读取操作数的(图 6.4)。

指针 ⟶ | 操作码 | 地址码 |

图 6.4　CPU 执行指令

　　CPU 在访问内存时通常有两种寻址方式——直接寻址方式和间接寻址方式。

　　若在编程时直接给出变量的地址,则称这种方式为直接寻址方式。例如,对图 6.5(a)所示的变量 a 执行"scanf("%d",&a);"语句时,通过取地址运算符 &a 直接告诉 CPU 变量 a 的内存地址,从键盘输入的数据将被存入 100 开始的 4 字节中,如图 6.5(a)所示。

　　间接寻址方式是一种指令中不直接提供变量的内存地址,而是先将该变量的地址存储在某个寄存器或内存单元中的方式。在指令中给出的是存储待访问变量地址的寄存器或变量本身。CPU 首先访问这个寄存器或变量,通过读取其内容获取真正需要访问的内存地址,然后根据这个地址访问相应的存储单元。这种寻址方式可以通过一个间接的过程确定变量的实际地址,从而实现对内存的访问。通过这种方式,程序可以动态地确定要访问的内存地址,增强了程序的灵活性和可扩展性。

例如,如图 6.5(a)所示,可以先将变量 a 的地址 100 存入变量 p(p 本身也是变量,可以认为此时 p 指向 a)。指令的地址码部分指示 CPU 先读取内容,然后依据其内容间接地访问变量,如图 6.5(b)所示。

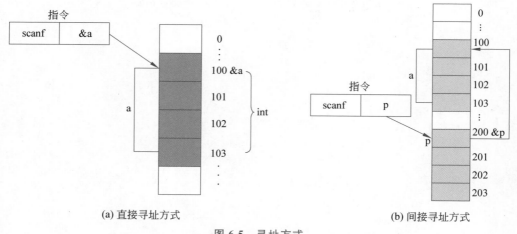

(a) 直接寻址方式   (b) 间接寻址方式

图 6.5 寻址方式

图 6.6 中专门用来存储变量地址的变量 p 即是指针变量。换句话说,指针就是地址,而指针变量就是存储变量地址的变量,可将指针变量简称为指针,读者可以根据上下文判断"指针指的是指针变量还是内存地址"。

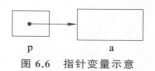

图 6.6 指针变量示意

◆ 6.2 指针变量的定义与初始化

6.2.1 指针变量的定义

指针变量的类型是由指针指向的对象类型决定的,定义时需要在指针变量的名字前加星号" * ",例如:

```
type * p;              //定义指针
```

在这里,**type** 是指针的基类型,它必须是一个有效的 C 数据类型,**p** 是指针变量的名称,用来声明指针的星号" * "与乘法中使用的星号是相同的。但是在这个语句中,星号用来指定一个变量是指针。以下是有效的指针声明:

```
int      * ip;         //一个整型的指针
double   * dp;         //一个 double 型的指针
float    * fp;         //一个浮点型的指针
char     * ch;         //一个字符型的指针
```

所有实际数据类型,不管是整型、浮点型、字符型还是其他数据类型,对应指针的值的类型都是一样的,都是一个代表内存地址的长的十六进制数。

不同数据类型的指针之间的唯一不同是,指针所指的变量或常量的数据类型不同。

6.2.2　指针初始化

与普通 auto 型变量一样,未初始化或赋值的指针变量值是不确定的,在使用指针之前,应让其指向一个具体的变量或初始化为 NULL。

1. 初始化指向一个具体的变量

(1) 在定义指针时初始化,例如:

```
int a, * p=&a;
```

(2) 先定义指针,再使用赋值语句给指针赋值,例如:

```
int a, * p;
p=&a;                          //即 p 的值为 a 的地址(注意:P 之前不要加 * )
```

2. 初始化为 NULL

在变量声明时,如果没有确切的地址可以赋值,则为指针变量赋一个 NULL 值是一个良好的编程习惯。赋为 NULL 值的指针称为空指针。NULL 指针是一个定义在标准库中的值为 0 的常量。

【例 6.1】 Copilot 生成代码注释。

在希望被提示的代码后输入:

```
//%p 是
```

Copilot 实现的效果如下所示:

```
#include <stdio.h>
int main ()
{
int * p = NULL;
printf ("p的地址是 %p\n", p);          //%p 是用于输出指针的值
return 0;
}
//输出:p的地址是 0x0
```

【例 6.2】 以下选项中正确的是(　　)。

A. int * a＝200, * b＝a;

B. int a＝200 * p＝NULL;

C. int a; char * p—&a;

D. double x, y, * p—&x, * q—y

使用 Copilot 帮助解答:

```
//判断下面的代码是否正确
```

Copilot 实现的效果如下:

```
int * a=200, * b=a;                    //error
int a; char * p=&a;                    //error
int a=200, * p=NULL;                   // * p=NULL;
double x, y, * p=&x, * q=y;            //error
```

【例6.3】 若定义了"int m，n＝0，* pl＝&m；"，则下列与"m＝n；"等价的正确语句是
(   )。

A. m＝* pl；   B. * pl＝& * n；

C. * &pl＝& * n；   D. * pl＝* &n；

使用 Copilot 帮助解答。

提示语句：输入情景，让 Copilot 给出判断，如"该代码中 m＝* p1 与 m＝n 是"。

```
int m, n=0, * p1=&m;
//该代码中 m= * p1 与 m=n 是不等价的,因为 m=n 是将 n 的值赋给 m,而 m= * p1 是将 p1 所指的
//地址的值赋给 m
//该代码中 * p1=& * n 与 m=n 是不等价的,因为 m=n 是将 n 的值赋给 m,而 * p1=& * n 是将 n 所
//指的地址的值赋给 * p
//该代码中 * &p1=& * n 与 m=n 是不等价的,因为 m=n 是将 n 的值赋给 m,而 * p1= * &n 是将 n
//的值赋给 p1
//该代码中 * p1= * &n 与 m=n 是等价的,因为 m=n 是将 n 的值赋给 m,而 * p1= * &n 是将 n 的值
//赋给 * p1
```

【例6.4】 写出下列程序的输出结果。

```
#include<stdio.h>
    int main() {
    int x=20,y=40, * p;
    p=&x;
    printf ("%d,", * p);
    * p=x+10;
    p=&y;
    printf ("%d\n", * p);
    * p=y+20;
    printf ("%d, %d\n", x, y);
    return0;
    return0;
}
```

使用 Copilot 帮助解答。

提示语句：在代码后输入"//解释:"。

```
#include <stdio.h>
    int main(){
    int x=20,y=40, * p;
    p=&x;            //解释:p=&x;等价于 * p=&x;即 * p=&20;
    printf ("%d,", * p);
    * p=x+10;        //解释: * p=x+10;等价于 x=x+10;即 x=30;
    p=&y;            //解释:p=&y;等价于 * p=&y;即 * p=&40;printf("%d\n", * p);
```

```
    * p=y+10;        //解释: * p=y+10;等价于 y=y+10;即 y=50;printf("%d,%d\n",x,y);
    return0;
}
```

6.3　指针与函数

6.3.1　传值调用和传地址调用

传值调用：前面学习普通变量作为函数参数时，实参和形参的传递关系为函数中形参的改变不影响实参变量。

传址调用：函数的形参为指针变量，此时可以把主调函数中变量的地址作为函数实参，当形参变量获得主调函数中变量的地址后，就可以在被调函数中通过形参间接地访问其指向的对象，从而达到修改主调函数中变量的目的。

【例 6.5】　下面是一个由 Copilot 生成的代码示例，展示了传值调用和传址调用的区别。

引导 Copilot 生成代码的自然语言如下：

```
//用函数显示传值调用和传址调用的区别
```

使用 Copilot 生成的代码如下：

```
#include <iostream>
using namespace std;
void swap1(int * a, int * b)            //传址调用
{
    int * temp;
    temp = a;
    a = b;
    b = temp;
}
void swap2(int a,b){                     //传值调用
    int temp;
    temp = a;
    a = b;
    b = temp;
}
int main()
{
    int a1= 3, a2=3,b1 = 4,b2 = 4;
    swap1(&a1, &b1);
    swap2(a2,b2);
    cout << a1 << " " << b1 << endl;
    cout << a2 << " " << b2 << endl;
    return 0;
}
```

利用 ChatGPT 解释整段代码，如图 6.7 所示。

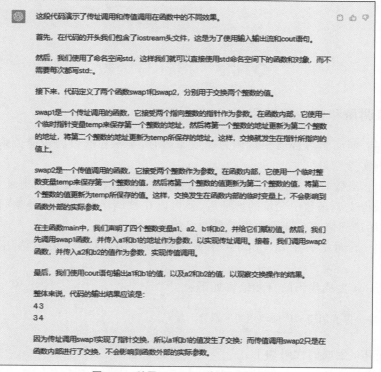

图 6.7　利用 ChatGPT 解释代码（1）

6.3.2　指针作为函数参数的应用实例

【例 6.6】 编写一个函数，用于对给定数组进行排序。

引导 Copilot 生成代码的自然语言如下：

```
//使用指针修改数组中的元素,实现排序
```

使用 Copilot 生成的代码如下：

```c
#include <stdio.h>

void sortArray (int * arr, int size);

int main() {
    int numbers[] = {5, 2, 8, 1, 9};
    int size = sizeof(numbers) /sizeof(numbers[0]);
    printf("排序前的数组:\n");
    for (int i = 0; i < size; i++) {
        printf("%d ", numbers[i]);
    }
    printf("\n");
    sortArray(numbers, size);                    //调用排序函数
```

```
    printf("排序后的数组:\n");
    for (int i = 0; i < size; i++) {
        printf("%d ", numbers[i]);
    }
    printf ("\n");
    return 0;
}
```

引导 Copilot 生成代码的自然语言如下:

//使用冒泡排序算法对数组进行升序排序

使用 Copilot 生成的代码如下:

```
void sortArray(int * arr, int size) {
    for (int i = 0; i < size - 1; i++) {
        for (int j = 0; j < size - i - 1; j++) {
            if (arr[j] > arr[j + 1]) {          //解释:交换数组中相邻元素的值
                int temp = arr[j];
                arr[j] = arr[j + 1];
                arr[j + 1] = temp;
            }
        }
    }
}
```

【例 6.7】 分析并给出下列程序的输出结果。

```
#include <stdio.h>
int * fun(int * p, int * q)
int main(){
    int m=10,n=20, * r=&m;
    r=fun(r, &n)
    printf ("%d\n", * r);
}
int * fun(int * p, int * q){
    return (* p> * q)?p:q;
}
```

利用 Copilot 给出相应答案和解析。
提示语句:在代码后输入"//解释:"。

```
#include <stdio.h>
int * fun(int * p, int * q)
int main(){
    int m=10,n=20, * r=&m;    //解释:r 是指向 int 型的指针,指向 m,m 的值为 10
    r=fun(r, &n) ;  //该步骤是将 r 的值与 n 的地址传给 fun 函数,返回值赋给 r,即 r 指向 n
    printf ("%d\n", * r);     //输出 n 的值,即 20
}
```

```
int * fun(int * p, int * q){
    return (* p> * q)?p:q;      //返回 p 和 q 中较大值的地址。相关知识:三目运算符。可替
                                //代代码:if(* p> * q) return p; else return q;
}
//该代码运用的知识点:指针、函数、三目运算符
```

【例 6.8】 分析并给出下列程序的输出结果。

```
# include <stdio.h>
void fun(int * x, int n, int k){
    if (k<=n)
    fun(x,n/2,2 * k);
    * x+=k;
}
int main(){
    int y=0;
    fun(&y,2,1);
    printf("y=%d\n",y);
    return0;
}
```

引导 Copilot 帮助解答: 在每行代码末尾输入"//"。

```
# include<stdio.h>
void fun(int * x, int n, int k){//创建一个函数 fun,该函数的功能是:将 x 的值加上 k,然后
//将 n 除以 2,将 k 乘以 2,再次调用 fun 函数,直到 k>n 为止
if(k<=n)
fun(x,n/2,2 * k);//递归调用可替换为循环:while(k<=n){fun(x,n/2,2 * k);k * =2;}
* x+=k;//解除递归后执行,即从最底层开始执行,最后执行的是 fun(&y,2,1)中的 fun(x,2,2)
//可替换为循环:while(k>1){* x+=k; k/=2;}
}
//fun 函数的功能是:将 x 的值加上 k,然后将 n 除以 2,将 k 乘以 2,再次调用 fun 函数,直到 k>n
//为止
int main(){
int y=0;
fun(&y,2,1);
printf("y=%d\n",y);
return0;
//output y=3
}
//time complexity: O(logn)
```

◆ 6.4　指针和一维数组

1. 数组名的隐式指针转换

1) 数组名作为指针使用

数组名可以隐式地转换为指向数组首元素的指针。可以利用这个特性操作和访问数组,如图 6.8 所示。

```
int numbers[5] = {1, 2, 3, 4, 5};
int * ptr = numbers;                    //数组名隐式转换为指针
```

2）数组名的指针算术运算

数组名的指针算术运算允许使用指针加法和减法定位与访问数组中的不同元素，它基于指针的内存地址加法和减法规则，能够以简捷的方式遍历数组元素。

由于数组名转换为指针，因此可以使用指针算术运算遍历数组元素。

图 6.8　数组和指针

```
for (int i = 0; i < 5; i++) {
    printf("%d ", * (ptr + i));          //通过指针访问数组元素
}
```

上面的例子中，指针 **ptr** 是一个指向整数的指针，所以在加法运算中，它会根据整数类型的大小增加相应的字节数，以定位到下一个整数元素 ptr+i 等效于 ptr[i]。

2. 隐式指针转换的应用

1）遍历数组元素

利用指针算术运算可以方便地遍历数组元素。

```
for (int i = 0; i < 5; i++) {
    printf("%d ", * (numbers + i));       //遍历数组元素
}
```

2）传递数组给函数

当数组名作为函数参数时，会自动转换为指向数组首元素的指针。

```
void printArray(int * arr, int size) {
    for (int i = 0; i < size; i++) {
        printf("%d ", arr[i]);            //使用指针遍历数组
    }
}
int main() {
    int numbers[5] = {1, 2, 3, 4, 5};
    print(Array(numbers, 5));             //数组名作为函数参数传递
}
```

3. 注意事项

- **数组名的不可修改性**：数组名是常量指针，不能修改，它们只能指向数组首元素，无法指向其他位置。
- **数组名作为指针的局限性**：数组名转换为指针后会失去数组的大小信息，需要通过其他方式传递数组的大小。
- **字符数组和字符串处理**：字符数组是特殊的数组，可以直接用于存储字符串，但需要注意字符串的结束符。

◆ 6.5　指针和二维数组

6.5.1　二维数组的指针表示和访问

1. 二维数组的内存布局

二维数组在内存中的存储是按行主序的方式。简单来说,二维数组的元素按照行的顺序依次存储在内存中。

如图 6.9 所示,每个方框表示一个数组元素,数组的第一行按照顺序存储在内存中,然后是第二行,以此类推,直到最后一行。在每一行中,元素按照列标的顺序依次存储。

[0,0]	[0,1]	[0,2]
[1,0]	[1,1]	[1,2]

图 6.9　二维数组的内存布局示意

需要注意的是,二维数组在内存中的存储方式是连续的,即每个元素紧密相邻。这意味着可以使用指针算术运算访问特定的元素。例如,对于一个二维数组 arr,如果有一个指向数组首元素的指针 ptr,则可以通过语句(ptr + i * n + j)访问第 i 行、第 j 列的元素。

2. 使用指针表示二维数组

首先要确定指针的类型,指针的类型应匹配二维数组元素的类型;其次要使用括号声明指针变量;最后要初始化指针变量,一般情况下将数组名直接赋值给指针变量。

```
int matrix[3][4] = {
    {1, 2, 3, 4},
    {5, 6, 6, 8},
    {9, 10, 11, 12}
};
int (* ptr)[4];            //声明一个指向具有 4 列的 int 型二维数组的指针
ptr = matrix;              //初始化指针,将数组名赋值给指针变量
```

3. 通过指针访问二维数组的元素

首先声明指向二维数组的指针;然后初始化指针变量;最后利用循环结构,通过指针和循环索引遍历二维数组的每个元素。

```
int matrix[3][4] = {
    {1, 2, 3, 4},
    {5, 6, 6, 8},
    {9, 10, 11, 12}
};
int (* ptr)[4];            //声明一个指向具有 4 列的 int 型二维数组的指针
ptr = matrix;              //初始化指针,将数组名赋值给指针变量
for (int i = 0; i < 3; i++) {
    for (int j = 0; j < 4; j++) {
```

```
        printf("%d ", * ( * (ptr + i) + j));        //使用指针访问元素
    }
    printf("\n");
}
```

首先声明了一个指向具有 4 列的 int 型二维数组的指针 ptr。然后,通过将数组名 matrix 赋值给指针变量 ptr 进行初始化。接下来,使用两个嵌套的循环,外层循环用于遍历行,内层循环用于遍历列。在每次迭代中,通过指针和循环索引访问元素,并使用解引用操作符"＊"获取元素的值。

6.5.2　指针数组

要定义一个指针数组,需要指定数组的类型以及数组的大小。数组的类型应是指针类型,表示每个数组元素存储的是指向某个对象的指针。格式为:

```
type * arrayName[size];
```

然后进行初始化,指针数组的初始化可以通过为每个数组元素赋予相应的指针值完成。这些指针可以是指向不同对象的指针,也可以是空指针。

```
int num1 = 10, num2 = 20, num3 = 30;
int * ptrArray[3] = {&num1, &num2, &num3};        //初始化指针数组
```

在指针数组中,每个元素的类型都是指针。这意味着每个数组元素存储的是一个指向特定类型对象的指针。

6.5.3　数组指针

要定义一个数组指针,需要指定指针的类型和指向的数组类型。指针的类型应与数组元素的类型相匹配,而指针所指的数组类型应与要操作的数组类型一致。格式为:

```
type ( * ptrName)[size];
```

然后进行初始化,可以通过将数组名赋值给数组指针实现,这是因为数组名可以隐式地转换为指向数组的指针。

```
int arr[5] = {1, 2, 3, 4, 5};
int ( * ptr)[5] = &arr;                            //初始化数组指针,将数组名赋值给指针
```

与普通指针只能指向单个对象不同,数组指针能够指向整个数组,这意味着它可以访问和操作整个数组的元素,而不仅仅是单个元素。

```
int arr[5] = {1, 2, 3, 4, 5};
int ( * ptr)[5] = &arr;                            //定义并初始化数组指针
for (int i = 0; i < 5; i++) {
```

```
        printf("%d ", (*ptr)[i]);              //通过数组指针访问数组元素
    }
```

6.5.4 指针数组与数组指针的区别

- 元素类型不同:指针数组的每个元素都是指针类型,而数组指针指向整个数组。
- 初始化方式不同:指针数组可以通过为每个数组元素赋予相应的指针值进行初始化,而数组指针可以通过将数组名赋值给指针进行初始化。
- 使用方式不同:指针数组可以通过索引访问和操作每个数组元素的指针,数组指针可以通过解引用操作符"*"来访问和操作整个数组的元素。

```
int *ptrArray[3];                        //指针数组
int arr[3] = {1, 2, 3};
int (*ptr)[3];                           //数组指针
ptrArray[0] = &arr[0];                   //指针数组的赋值
ptr = &arr;                              //数组指针的赋值
printf("%d\n", *ptrArray[0]);            //使用指针数组的元素
printf("%d\n", (*ptr)[0]);               //使用数组指针访问数组的元素
```

◈ 6.6 实际应用示例

例 6.9
视频讲解

【例 6.9】 字符串的复制操作。

引导 Copilot 生成代码的自然语言如下:

```
//编写一个实现字符串复制操作的代码,并在重要代码后给出相应解释
```

Copilot 生成的代码和相应的解释如下:

```
#include <stdio.h>
void stringCopy(char *source, char *destination) {
//从源字符串复制字符到目标字符串
    while (*source != '\0') {          //当源字符串的当前字符不是空字符时
        *destination = *source;        //将源字符串的当前字符复制到目标字符串中
        source++;                      //增加源指针的位置
        destination++;                 //增加目标指针的位置
    }
    *destination = '\0';               //在目标字符串的末尾添加空字符,表示字符串的结束
}
int main() {
    char source[] = "Hello, World!";
    char destination[20];
    stringCopy(source, destination);
    printf("Copied string: %s\n", destination);
    return 0;
}
```

利用 ChatGPT 进行代码讲解，如图 6.10 所示。

这段代码实现了一个函数 `stringCopy`，用于将一个字符串复制到另一个字符串中，然后在主函数中进行测试。

首先，让我们看一下函数的实现：

```
1    void srtringCopy(char *source, char *destination) {
2        while (*source != '\0') {
3            *destination = *source;
4            destination++;
5            source++;
6        }
7        *destination = '\0';
8    }
```

这个函数使用了指针来处理字符串。它接受两个字符指针作为参数：`source` 和 `destination`，分别表示源字符串和目标字符串。

在函数体中，我们使用了一个循环来逐个复制源字符串中的字符到目标字符串中。循环条件 `*source != '\0'` 检查当前字符是否为源字符串的结束符（'\0'）。如果不是，我们将源字符串的当前字符复制到目标字符串的当前位置，然后递增源指针和目标指针，以便处理下一个字符。

在循环结束后，我们在目标字符串的末尾添加了一个空字符 `'\0'`，以表示字符串的结束。

接下来，让我们看一下主函数的实现：

```
int main(){
    char source[] = "Hello World!";
    char destination[20];
    stringCopy(source,destination);
    printf("Copied string: %s\n",destination);
    return 0;
}
```

在主函数中，我们声明了两个字符数组：`source` 和 `destination`。`source` 数组包含了一个初始字符串 "Hello, World!"。

然后，我们调用 `stringCopy` 函数，将 `source` 数组的内容复制到 `destination` 数组中。

最后，我们使用 `printf` 函数打印出复制后的目标字符串。

难点和涉及的知识点：

- 理解指针的概念和用法，包括指针的声明、指针的增减操作以及指针解引用（通过 `*` 运算符访问指针指向的值）。
- 理解字符串的特性，包括字符串的结束符（'\0'）以及通过循环逐个访问字符串中的字符。
- 理解字符数组的用法和字符串的存储方式。
- 理解函数的定义和调用，以及函数参数的传递方式。
- 熟悉标准库函数 `printf` 和字符串格式化输出。
- 熟悉数组的声明和初始化。

难点可能在于理解指针的概念和使用，以及在处理字符串时考虑到字符串结束符的特殊处理。掌握这些知识点后，就可以理解并使用这段代码进行字符串复制操作。

图 6.10　利用 ChatGPT 讲解代码（2）

【例 6.10】 冒泡排序算法。

引导 Copilot 生成代码的自然语言如下:

//编写一个实现冒泡排序的代码

使用 Copilot 生成的代码如下:

```c
#include <stdio.h>
void bubbleSort(int arr[], int size);
int binarySearch(int arr[], int size, int target);
int main() {
    int arr[] = {5, 2, 8, 12, 1};
    int size = sizeof(arr) / sizeof(arr[0]);
    printf("Original array: ");
    for (int i = 0; i < size; i++) {
        printf("%d ", arr[i]);
    }
    printf("\n");
    bubbleSort(arr, size);
    printf("Sorted array: ");
    for (int i = 0; i < size; i++) {
        printf("%d ", arr[i]);
    }
    printf("\n");
    int target = 8;
    int index = binarySearch(arr, size, target);
    if (index != -1) {
        printf("Found %d at index %d\n", target, index);
    } else {
        printf("%d not found in the array.\n", target);
    }
    return 0;
}
void bubbleSort(int arr[], int size) {
    for (int i = 0; i < size - 1; i++) {
        for (int j = 0; j < size - i - 1; j++) {
            if (arr[j] > arr[j + 1]) {
                int temp = arr[j];
                arr[j] = arr[j + 1];
                arr[j + 1] = temp;
            }
        }
    }
}
int binarySearch(int arr[], int size, int target) {
    int low = 0;
    int high = size - 1;
    while (low <= high) {
        int mid = (low + high) / 2;
```

```
        if (arr[mid] == target) {
            return mid;
        } else if (arr[mid] < target) {
            low = mid + 1;
        } else {
            high = mid - 1;
        }
    }
    return -1;
}
```

利用 ChatGPT 讲解整段代码，如图 6.11 所示。

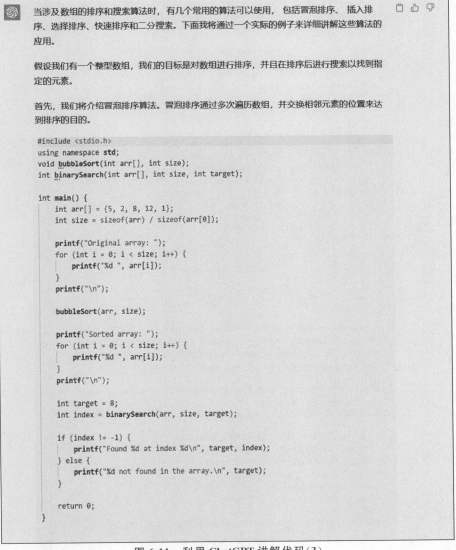

图 6.11　利用 ChatGPT 讲解代码（3）

在上述代码中，我们首先定义了一个 `bubbleSort` 函数，用于对数组进行冒泡排序。该函数接受一个整型数组 `arr` 和数组的大小 `size` 作为参数。

```c
void bubbleSort(int arr[], int size) {
    for (int i = 0; i < size - 1; i++) {
        for (int j = 0; j < size - i - 1; j++) {
            if (arr[j] > arr[j + 1]) {
                int temp = arr[j];
                arr[j] = arr[j + 1];
                arr[j + 1] = temp;
            }
        }
    }
}
```

在 `bubbleSort` 函数中，我们使用了两个嵌套循环。外层循环用于遍历数组，并确保每次遍历都可以将当前最大的元素移动到数组的末尾。内层循环用于比较相邻的元素，并交换它们的位置，如果前一个元素大于后一个元素。

接下来，我们定义了一个 `binarySearch` 函数，用于进行二分搜索。该函数接受一个已排序的整型数组 `arr`、数组的大小 `size`，以及要搜索的目标元素 `target`。

```c
int binarySearch(int arr[], int size, int target) {
    int low = 0;
    int high = size - 1;

    while (low <= high) {
        int mid = (low + high) / 2;

        if (arr[mid] == target) {
            return mid;
        } else if (arr[mid] < target) {
            low = mid + 1;
        } else {
            high = mid - 1;
        }
    }

    return -1;
}
```

在 `binarySearch` 函数中，我们使用了一个循环来缩小搜索范围。在每次迭代中，我们将数组的中间元素与目标元素进行比较。如果它们相等，我们返回中间元素的索引。如果中间元素小于目标元素，则在右半部分继续搜索；如果中间元素大于目标元素，则在左半部分继续搜索。如果循环结束时仍然没有找到目标元素，则返回 -1 表示未找到。

最后，我们在主函数中调用了 `bubbleSort` 函数对数组进行排序，并使用 `binarySearch` 函数在排序后的数组中搜索目标元素。

该示例涉及的知识点和难点：

* 排序算法：冒泡排序，理解冒泡排序的原理和实现方法。
* 搜索算法：二分搜索，理解二分搜索的原理和实现方法。
* 数组的遍历和访问，通过循环遍历数组并访问数组元素。
* 函数的定义和调用，以及函数参数的传递方式。
* 数组的大小计算，通过 `sizeof` 运算符计算数组的大小。
* 数组元素的交换，通过使用一个临时变量进行交换。

掌握这些知识点后，我们可以在实际的程序中应用排序和搜索算法来处理和操作数组。

图 6.11 （续）

◆ 本 章 小 结

（1）指针是存储变量地址的变量，通过指针可以间接地访问和操作变量的值。

（2）内存访问有直接和间接两种寻址方式，间接寻址方式是指将变量的地址存储在寄存器或内存单元中，CPU根据其内容获取真正需要访问的内存地址。

（3）指针是存储变量地址的变量，所有实际数据类型对应的指针的值的类型都是一样的，都是一个代表内存地址的长的十六进制数。不同数据类型的指针之间唯一的不同是，指针所指的变量或常量的数据类型不同。

（4）未初始化或赋值的指针变量的值是不确定的，在使用指针之前，应让其指向一个具体的变量或初始化为空指针。初始化指向一个具体的变量可以在定义指针时先初始化或定义指针，再使用赋值语句给指针赋值。空指针是一个定义在标准库中的值为NULL的常量。

（5）函数传值调用中，实参和形参的传递关系为函数中形参的改变不会影响实参变量；而函数传址调用中，形参为指针变量，可以把主调函数中变量的地址作为函数实参，通过形参间接地访问其指向的对象，从而达到修改主调函数中变量的目的。

（6）数组名可以隐式地转换为指向数组首元素的指针，指针算术运算可以遍历数组元素，数组名作为函数参数时会自动转换为指针。

（7）二维数组在内存中按行主序存储。

（8）声明指向二维数组的指针需要确定指针类型、使用括号声明和初始化，一般将数组名赋值给指针变量。

（9）遍历二维数组的元素可以通过循环结构和指针解引用实现。

（10）声明指针数组需要指定数组类型和大小，初始化时为每个元素赋值。数组指针需要指定指针类型和指向的数组类型，初始化时为指针赋值。

◆ 课 后 习 题

本章习题均要求使用指针方法处理。

一、选择题

1. 设有定义：int x＝{1,2,3,4,5},＊p＝x;,则值为3的表达式是（　　　）。

 A. p＋＝2,＊p＋＋   B. p＋＝2,＊＋＋p

 C. p＋＝2,p＋＋   D. p＋＝2,＋＋＊p

2. 设有定义："int a[3][4];",则于元素 a[0][0]不等价的表达形式是（　　　）。

 A. ＊a   B. ＊＊a

 C. ＊a[0]   D. ＊（＊（a＋0）＋0）

二、代码分析题

1. 分析并给出输出结果。

```
int main()
{
    int a[5] = { 1, 2, 3, 4, 5 };
```

```
    int * ptr = (int *) (&a + 1);
    printf("%d,%d", * (a + 1), * (ptr - 1));
    return 0;
}
```

2. 分析并给出输出结果。

```
int main()
{
    int a[4] = { 1, 2, 3, 4 };
    int * ptr1 = (int *) (&a + 1);
    int * ptr2 = (int *) ((int)a + 1);
    printf("%x,%x", ptr1[-1], * ptr2);
    return 0;
}
```

3. 分析并给出输出结果。

```
int main()
{
    int a[5][5];
    int( * p)[4];
    p = a;
    printf("%p,%d\n", &p[4][2] - &a[4][2], &p[4][2] - &a[4][2]);
    return 0;
}
```

三、编程题

1. 用函数和指针完成下述程序功能：有两个整数 a 和 b，由用户输入 1，2 或 3。如输入 1，程序就给出 a 和 b 中较大者；输入 2，就给出 a 和 b 中较小者；输入 3，则求 a 与 b 之和。

2. 编写一个程序，在主函数中建立数组并输入 n 个数，调用自定义函数对这 n 个数进行排序，然后显示排序结果（要求用指针作为函数参数进行传递）。

3. 用指针数组实现下述程序功能：0～6 分别代表星期日至星期六，当输入其中任意一个数字时，输出相应的英文单词。

结构体及其应用

7.1 概　述

在 C 语言中,有一种重要的数据类型,它允许将不同类型的数据组合在一起,这种数据类型在 C 语言中称为结构体(structures)。

结构体是 C 语言中的一种复合数据类型,它可以将不同类型的数据组合在一起,然后将这些数据类型统合为一个数据类型。结构体可以包含许多不同类型的数据对象,这些对象称为结构体的成员。成员可以是任意数据类型,包括结构体、指针等(图 7.1)。这使得 C 语言的结构体可以形成很多数据结构,如链式结构、树结构等。由于篇幅有限,本章仅对结构体进行基础介绍。接下来,本书将引导读者学习和掌握结构体的定义和使用,了解如何使用结构体设计数据模型,如何使用指向结构体的指针,还将介绍结构体和函数的关系以及如何使用结构体数组。

图 7.1　结构体和其他数据类型的关系

7.2　结构体的定义和声明

结构体在存储和表示复杂数据时十分有用。举个例子,在存储一个学生的相关信息时,这个学生需要存储名字(字符串类型)、年龄(整数类型)、成绩(浮点类型)等相关信息。在这种情况下,需要将零散的信息集中到一起处理,就可以使用结构体。结构体可以将这些数据集合在一起,并作为一个单一的实体(在这种情况下是一个学生)进行处理。下面是一段结构体定义代码:

如图 7.2 所示,代码定义了一个结构体 Student,里面的成员有 name(字符串数组)、age(整型)、score(浮点型),可以用来存储学生的姓名、年龄、成绩三个数据。下面介绍这是如何实现的。

由于结构体在 C 语言中是一种复合数据类型,所以使用结构体需要先定义,定义一般放在 C 语言代码的 main 函数外,在 C 语言中,结构体定义的基本形式

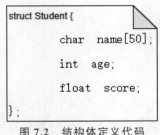

```
struct Student {
    char  name[50];
    int  age;
    float  score;
};
```

图 7.2　结构体定义代码

如下：

```
struct 结构体名 {
数据类型 1 成员名 1;
数据类型 2 成员名 2;
数据类型 3 成员名 3;
…
}(结构体变量);
```

其中，struct 是关键字，表示这是一个结构体定义。结构体名是指给这个结构体类型起的名字，可以按照不同的需要根据命名规则进行命名。在花括号"{}"中可以定义多个成员，每个成员都有一个数据类型和一个成员名，数据类型可以是基础数据类型，也可以是结构体或者其他数据类型。结构体变量可以没有，结构体变量等效于"struct 结构体名或结构体变量"。结构体占用的存储空间由其内部成员决定，存储空间的大小为所有成员的大小的总和。成员与成员之间用";"隔开。注意"{}"后的";"不要丢。

下面是一个定义结构体的例子：

```
#include<stdio.h>
struct Student {
char name[50];
int age;
float score;
};
int main(){
…
```

这个结构体表示一个学生，包含三个成员：名字（name，字符数组类型）、年龄（age，整型）和分数（score，浮点型）。

由于结构体是一种数据类型，所以定义结构体之后，就可以声明结构体变量。声明结构体变量的基本形式如下：

```
struct 结构体名 变量名;
```

例如，可以声明一个 Student 结构体变量 s：

```
struct Student s;
```

此时，s 就是一个 Student 结构体变量，它包含 name、age 和 score 三个成员。可以通过(.)运算符访问结构体的成员。例如：

```
int a=s.age;
```

这样就可以将结构体中成员 age 的值传递给整型 a。

结构体是一种数据类型，需要进行初始化才可以使用，使用未初始化的结构体会出现错误，所以在使用结构体之前要对结构体进行初始化。下面讲解结构体的初始化方法。

◈ 7.3 结构体的初始化

定义并声明结构体变量后,需要为其成员赋予初始值的过程称为结构体的初始化。在 C 语言中,可以在声明结构体变量的同时用花括号"{}"为结构体的成员赋值,每个成员之间的赋值用","隔开,数据类型从上到下一一对应。

以下是一个例子:

```
#include<stdio.h>
struct Student {
char name[50];
int age;
float score;
};
int main() {
struct Student s = {"Alice", 20, 95.5};
return 0;
}
```

在这个例子中,"struct Student{…};"定义了一个 Student 结构体,然后在 main 函数中声明了一个名为 s 的 Student 变量,并为其成员赋值。注意:默认情况下,成员的赋值顺序和结构体定义时的顺序相同,即"Alice"赋值给 name,20 赋值给 age,95.5 赋值给 score。

这里可以使用 printf 函数将结构体成员的值打印出来:

在 return 0 上方添加代码:

```
printf("Name: %s\n", s.name);
```

这样就可以打印 s 这个结构体变量中的成员 name 了。

运行结果如下:

```
Name:Alice
```

在初始化过程中,也可以选择为部分成员赋值,未初始化的成员会被赋予默认值(整数类型为 0,浮点类型为 0.0,字符类型为'\0')。

想要明确指定哪些成员被初始化,可以使用带有成员名的初始化方式,这在 **C99** 标准中被引入,例如:

```
struct Student s = {.name = "Alice", .score = 95.5};
```

在这个例子中,使用带有成员名的初始化方式为 name 和 score 成员赋值,因为没有为 age 赋值,所以 age 的值为默认值,在这里为 0,默认值会由于编译器的不同而发生改变,因此在使用结构体时应对所有成员进行初始化操作。

使用 Copilot 时,模块化的思想可以更好地对结构体进行编写,在写完对应的结构体模块后,Copilot 可以自动输出对应的结构体。下面是一个例子:

```
#include<stdio.h>
//结构体名称:student
//结构体成员:age,score,name,number,
//结构体成员类型:int,float,char[20],char[20]
struct student
{
    int age;
    float score;
    char name[20];
    char number[20];
};
//结构体名称:teacher
//结构体成员:name,age,number,class
//结构体成员类型:char[20],int,char[20],char[20]

struct teacher
{
    char name[20];
    int age;
    char number[20];
    char class[20];
};
...
```

模块化编写
代码示例

读者可以参照这个模块化操作的例子创造更多的模块，同时可以将创造的模块记录下来，遇到类似的情况后即可拿出来用，从而大大降低编写重复任务的工作量。

以上就是 C 语言中结构体初始化的基本方法。下面将进一步讨论如何访问和修改结构体成员的值。

◆ 7.4　结构体成员的访问

在 C 语言中，可以通过"."运算符访问结构体的成员。访问结构体成员的基本形式如下：

结构体变量.成员名

例如，可以通过下面的代码访问并打印结构体 Student 变量 s 的各个成员：

```
#include <stdio.h>
struct Student {
char name[50];
int age;
float score;
};
int main() {
struct Student s = {"Alice", 20, 95.5};
printf("Name: %s\n", s.name);
```

```
printf("Age: %d\n", s.age);
printf("Score: %.2f\n", s.score);
return 0;
}
```

运行结果如下：

```
Name:Alice
Age:20
Score:95.50
```

在这个例子中，printf 函数打印了 s 的 name、age 和 score 三个成员的值。

也可以通过"."运算符修改结构体的成员。在上面的 main 函数中添加语句：

```
s.age = 21;
s.score = 98.5;
printf("Age: %d\n", s.age);
printf("Score: %.2f\n", s.score);
```

运行结果如下：

```
Name:Alice
Age:20
Score:95.50
Age:21
Score:98.50
```

可以看到两次不同的输出代表了结构体成员的值被成功修改了。

以上就是在 C 语言中访问和修改结构体成员的方法。下面将讨论指向结构体的指针，这是一种更高级也更为常用的操作结构体的方法。

◆ 7.5　指向结构体的指针

除了可以使用结构体变量直接访问和操作结构体的成员之外，还可以通过指针访问和操作结构体（图 7.3）。指向结构体的指针在很多情况下都比直接使用结构体更高效、便捷，例如在函数参数中传递结构体，或者在动态内存分配中使用结构体。

图 7.3　结构体指针与结构体的关系

首先需要声明一个指向结构体的指针：

```
struct Student * p;
```

这里的 p 是一个指针，它指向 Student 类型的结构体，还可以使用"&"运算符获取结构体变量的地址，并将它赋值给指针：

```
struct Student s;
p = &s;
```

有了指向结构体的指针，就可以使用"->"运算符访问和修改结构体的成员，也可以使用指针进行结构体成员的初始化操作。例如：

```
p->age = 20;
printf("%d", p->age);
```

在这个例子中，指针 p 访问和修改了 s 的 age 成员，并将其修改后的值打印了出来。

由于结构体指针也是一种指针，所以也可以使用"(*指针).成员"的方式进行操作，这两种方式是等价的。

需要注意的是，"->"运算符的左边必须是一个指向结构体的指针，右边必须是结构体的一个成员名。"->"运算符会根据指针找到对应的结构体，然后访问结构体的成员。

以下是一个完整的示例，展示了如何使用指向结构体的指针。

```c
#include <stdio.h>
struct Student {
char name[50];
int age;
float score;
};
int main() {
struct Student s;
struct Student * p = &s;
//使用指针设置结构体的成员
p->age = 20;
p->score = 95.5;
//使用指针获取结构体的成员
printf("Age: %d\n", p->age);
printf("Score: %.2f\n", p->score);
return 0;
}
```

运行结果如下：

```
Age:20
Score:95.50
```

在这个例子中，通过指针 p 初始化 s 的 age 和 score 成员，并将其输出。

以上就是在 C 语言中使用指向结构体的指针的基本方法。下面将介绍如何在数组中使用结构体。

◇ 7.6 结构体数组

就像其他类型的数据一样，结构体也可以存储在数组中，这就是结构体数组，它是一个包含多个结构体元素的数组。

使用结构体数组之前，需要定义一个结构体类型，然后声明一个这种类型的结构体数组后,才可以使用。

下面的例子中定义了一个表示学生的结构体 Student,然后声明了一个包含 3 个 Student 的数组。

```
struct Student {
char name[50];
int age;
float score;
};
struct Student students[3];
```

在这个例子中,students 是一个结构体数组,它有 3 个元素,每个元素都是一个 Student 结构体。

可以像访问和修改普通数组元素一样访问和修改结构体数组的元素。例如:

```
students[0].age = 20;
students[1].score = 95.5;
```

这个例子访问并修改了 students 数组的第 0 个元素(第一个学生)的 age 和第 1 个元素(第二个学生)的 score。

同样,也可以在声明结构体数组时将其初始化,例如:

```
struct Student students[3] = {
{"Alice", 20, 95.5},
{"Bob", 21, 96.5},
{"Charlie", 22, 97.5}
};
```

这个例子在声明 students 数组的同时初始化了它的每个元素。元素与元素之间使用 "{}"和","隔开。"{}"中的内容可以参照 7.3 节中结构体的初始化。

下面是一个具体的示例。

```
#include <stdio.h>
//定义 Student 结构体
struct Student {
char name[50];
int age;
float score;
};
//主函数
int main() {
    //声明并初始化一个 Student 结构体数组
    struct Student students[3] = {
        {"Alice", 20, 95.5},
        {"Bob", 21, 96.5},
        {"Charlie", 22, 97.5}
    };
```

```
    //打印每个学生的信息
    for (int i = 0; i < 3; i++) {
        printf("Name: %s\n", students[i].name);
        printf("Age: %d\n", students[i].age);
        printf("Score: %.2f\n", students[i].score);
        printf("------------------\n");
    }
    return 0;
}
```

运行结果如下:

```
Name: Alice
Age: 20
Score: 95.50
------------------
Name: Bob
Age: 21
Score: 96.50
------------------
Name: Charlie
Age: 22
Score: 97.50
------------------
```

在这个程序中,首先定义了一个 Student 结构体,然后声明并初始化了一个 Student 结构体数组 students,接着使用了一个循环遍历 students 数组,打印出每个学生的名字、年龄和分数。结构体数组的应用远不止上面提到的内容,读者可以自行查阅相关资料。

以上就是在 C 语言中使用结构体数组的基本方法。下面将介绍结构体和函数的关系,以及如何在函数中使用结构体。

◆ 7.7　结构体和函数

结构体可以作为函数的参数,也可以作为函数的返回值,这给在函数之间传递复杂的数据结构提供了便利。

7.7.1　结构体作为函数参数

当结构体作为函数参数时,可以传递一个结构体变量或者一个结构体指针。如果传递一个结构体变量,那么在函数中对这个结构体变量的修改就不会影响原始的结构体变量(因为这是值传递)。如果传递一个结构体指针,那么在函数中对这个结构体指针指向的结构体的修改就会影响原始的结构体(因为这是引用传递)。

例如:

```
#include <stdio.h>
struct Student {
```

```
    char name[50];
    int age;
    float score;
};
void printStudent(struct Student s) {
    printf("Name: %s\n", s.name);
    printf("Age: %d\n", s.age);
    printf("Score: %.2f\n", s.score);
}
int main() {
    struct Student s = {"Alice", 20, 95.5};
    printStudent(s);
    return 0;
}
```

运行结果如下：

```
Name:Alice
Age:20
Score:95.50
```

在这个例子中，printStudent 函数接收了一个 Student 结构体作为参数，并打印出了它的成员。

7.7.2　结构体作为函数返回值

函数也可以返回一个结构体。在这种情况下，返回的是结构体的一个副本。例如：

```
#include <stdio.h>
#include <string.h>
struct Student {
    char name[50];
    int age;
    float score;
};
struct Student createStudent() {
    struct Student s;
    strcpy(s.name, "Alice");
    s.age = 20;
    s.score = 95.5;
    return s;
}
int main() {
    struct Student s = createStudent();
    printf("Name: %s\n", s.name);
    printf("Age: %d\n", s.age);
    printf("Score: %.2f\n", s.score);
    return 0;
}
```

运行结果如下：

```
Name:Alice
Age:20
Score:95.50
```

在这个例子中，createStudent 函数创建了一个 Student 结构体并返回它，然后在 main 函数中通过结构体变量 s 获取了这个结构体，并打印出了它的成员。

注意：虽然可以在函数中返回结构体，但是如果结构体很大，那么可能会导致性能问题（因为返回结构体涉及复制结构体的所有数据）。在这种情况下，更好的做法是返回指向结构体的指针。例如：

```c
#include <stdio.h>
#include <stdlib.h>
#include <string.h>
struct Student {
    char name[50];
    int age;
    float score;
};
struct Student * createStudent() {
    struct Student * s = malloc(sizeof(struct Student));
    strcpy(s->name, "Alice");
    s->age = 20;
    s->score = 95.5;
    return s;
}
int main() {
    struct Student * s = createStudent();
    printf("Name: %s\n", s->name);
    printf("Age: %d\n", s->age);
    printf("Score: %.2f\n", s->score);
    //记得在结束时释放分配的内存
    free(s);
    return 0;
}
```

运行结果如下：

```
Name:Alice
Age:20
Score:95.50
```

在这个例子中，createStudent 函数使用 malloc 分配了一个 Student 结构体的空间，并返回了这个空间的地址（一个指向 Student 结构体的指针），然后在 main 函数中获取了这个指针，并通过它访问结构体的成员。注意：在完成后，需要使用 free 释放为结构体分配的内存。

以上就是在函数中使用结构体的基本方法。下面将讨论结构体的应用，以及如何在实际编程中使用结构体。

◇ 7.8 结构体的应用

结构体是 C 语言中非常重要的一个特性，它能够帮助程序员构建更复杂的数据结构，并在函数之间共享和操作这些数据。下面将通过两个例子介绍结构体的应用。

7.8.1 存储和操作一组相关数据

如果有一组相关的数据，则可以将它们存储在一个结构体中。例如，可以定义一个表示日期的结构体，它包含年、月和日三个成员：

```
struct Date {
    int year;
    int month;
    int day;
};
```

有了 Date 结构体，就可以方便地存储和操作日期。例如，可以定义一个函数，计算两个日期之间的天数差：

```
int diffDays(struct Date d1, struct Date d2) {
    //假设每个月都是 30 天
    return (d2.year - d1.year) * 360 + (d2.month - d1.month) * 30 + (d2.day - d1.day);
}
```

以下是一个程序示例，它定义了一个 Date 结构体，并使用 diffDays 函数计算两个日期之间的天数差：

```
#include <stdio.h>
#include <stdlib.h>
struct Date {
    int year;
    int month;
    int day;
};
int diffDays(struct Date d1, struct Date d2) {
    //假设每个月都是 30 天
    return abs((d2.year - d1.year) * 360 + (d2.month - d1.month) * 30 + (d2.day
- d1.day));
}
int main() {
    struct Date d1 = {2023, 5, 29};
    struct Date d2 = {2023, 6, 30};
    printf("这两个日期之间的天数差为%d 天\n", diffDays(d1, d2));
```

```
        return 0;
    }
```

运行结果如下：

这两个日期之间的天数差为 31 天

在这个程序中，首先定义了一个 Date 结构体，然后在 main 函数中声明并初始化了两个 Date 结构体 d1 和 d2，之后使用 diffDays 函数计算了 d1 和 d2 之间的天数差，最后将这个差值打印出来。

7.8.2　创建复杂的数据结构

结构体可以包含其他结构体，这使得 C 语言可以创建更复杂的数据结构。例如，可以定义一个表示学生的结构体，它包含一个 Date 结构体成员以表示学生的生日：

```
struct Student {
        char name[50];
        struct Date birthday;
        float score;
};
```

有了 Student 结构体，就可以方便地存储和操作学生的信息。例如，可以定义一个函数，计算一个学生的年龄：

```
int calculateAge(struct Student s, struct Date today) {
        return today.year - s.birthday.year;
}
```

以下是一个程序示例，它使用了 Student 结构体，并利用 calculateAge 函数计算学生的年龄：

```
#include <stdio.h>
#include <stdlib.h>
struct Date {
    int year;
    int month;
    int day;
};
struct Student {
    char name[50];
    struct Date birthday;
    float score;
};
int calculateAge(struct Student s, struct Date today) {
    return today.year - s.birthday.year;
}
```

```
int main() {
    struct Student s = {"Alice", {2002, 6, 30}, 95.5};
    struct Date today = {2023, 5, 29};
    printf("%s 的年龄是%d\n", s.name, calculateAge(s, today));
    return 0;
}
```

运行结果如下：

```
Alice 年龄是 21
```

以上就是 C 语言中结构体的应用。结构体是 C 语言中的一个强大工具，它可以帮助程序员更好地组织和操作数据。下面将介绍关于结构体的扩展。

◈ 7.9　结构体扩展

在了解了基本的结构体的使用方法后，还有一些更高级的用法和技巧可以进一步提高程序员的编程能力。下面介绍两个主题——联合和位域。

7.9.1　联合

联合（union）是一种特殊的结构体，它的所有成员共享同一块内存。这意味着程序员只能在同一时刻使用联合的一个成员。如果为一个成员赋值，那么这将覆盖其他成员的值。

例如，可以定义一个联合存储一个整数或者一个浮点数：

```
union Number {
    int i;
    float f;
};
```

在这个例子中，Number 联合有两个成员——i 和 f。这两个成员共享同一块内存，所以 i 和 f 不能同时使用。

联合的主要用途是节省内存。如果有一些变量不会同时使用，那么就可以使用联合来存储这些变量。

7.9.2　位域

位域（bit field）是结构体的一种扩展，它可以让程序员指定结构体成员占用的位数，这对于需要操作特定位的程序（如硬件编程）非常有用。

例如，可以定义一个位域存储 1 字节的每一位：

```
struct Byte {
    unsigned char b0:1;
    unsigned char b1:1;
    unsigned char b2:1;
    unsigned char b3:1;
```

```
        unsigned char b4:1;
        unsigned char b5:1;
        unsigned char b6:1;
        unsigned char b7:1;
    };
```

在这个例子中，Byte 结构体有 8 个成员，每个成员都只占用 1 位。这样，一个 Byte 结构体就正好占用 1 字节的内存。

以上就是 C 语言中结构体的扩展。在实际编程中，可能不会经常用到这些特性，但是了解它们会使你对 C 语言有更深的理解。

◇ 本 章 小 结

本章详细介绍了 C 语言中的结构体及其应用，下面是本章的主要内容回顾。

（1）结构体是 C 语言中的一种复合数据类型，它可以将不同类型的数据组合到一起，形成一个新的数据类型。

（2）介绍了结构体的定义和声明，以及如何初始化结构体和访问结构体的成员。

（3）讨论了指向结构体的指针，它提供了一种方法以访问和操作结构体的成员，特别是在函数参数和动态内存分配中。

（4）结构体数组是一种存储多个结构体的方法，可以在数组中使用和操作结构体。

（5）结构体可以作为函数的参数和返回值，这提供了一种在函数之间传递和返回复杂数据的方法。

（6）讨论了结构体的应用，包括如何使用结构体存储和操作一组相关的数据，以及如何创建复杂的数据结构。

（7）介绍了结构体的扩展用法，包括联合和位域。

希望通过本章的学习，读者可以对结构体有更深入的理解，并为未来的编程打下基础。

下面介绍一个 AI 和结构体相结合的案例，有助于读者更快地掌握 AI 编程。

案例：快速编写一个记录学生信息的程序。

给定一段代码，对代码进行补全，给定代码如下：

```
#include<stdio.h>
struct Student
{
    char name[20];                          //姓名
    int age;                                //年龄
    int score;                              //分数
};

int lu_ru(struct Student arr[], int len)    //录入函数
{
}

int main(){
```

```
    return 0;
}
```

借助 Copilot 可以快速完成这类问题。首先需要在函数中输入函数的功能或者实现方式，Copilot 会进行一定的引导，再对 Copilot 的输出进行一定的纠正，就可以快速编写出这段函数的代码，然后在 main 函数中通过交互的方式快速完成代码。这样使用 Copilot 有两个要点，一是对题目要有一定的理解，二是可以识别出 Copilot 的错误输出。

视频中生成的代码如下，仅供参考：

快速完成
补全代码
编程示例

```c
#include<stdio.h>

struct Student
{
    char name[20];                          //姓名
    int age;                                //年龄
    int score;                              //分数
};

int lu_ru(struct Student arr[], int len)        //录入函数
{
    //建立一个循环，循环输入学生信息
    for (int i = 0; i < len; i++)
    {
        printf("请输入第%d个学生的姓名:\n", i + 1);
        scanf("%s", arr[i].name);
        printf("请输入第%d个学生的年龄:\n", i + 1);
        scanf("%d", &arr[i].age);
        printf("请输入第%d个学生的分数:\n", i + 1);
        scanf("%d", &arr[i].score);
    }
    //返回值为学生个数
    return len;
}

int main(){
    //定义一个结构体数组，存放学生信息
    struct Student arr[100];
    //定义一个变量，记录学生个数
    int len = 0;
    //输入学生个数
    printf("请输入学生个数:\n");
    scanf("%d", &len);
    //调用录入函数
    len = lu_ru(arr, len);
    //打印学生信息
    for (int i = 0; i < len; i++)
    {
        printf("姓名:%s\t年龄:%d\t分数:%d\n", arr[i].name, arr[i].age, arr[i].score);
```

```
    }
    return 0;
}
```

◇ 课 后 习 题

1. 定义以下结构体类型

```
struct  s
{
  int  a;
  char  b;
  float  f;
};
```

则语句"printf("%d",sizeof(struct s));"的输出结果为（　　）。

    A. 3　　　　　　　　B. 7　　　　　　　　C. 6　　　　　　　　D. 4

2. 当定义一个结构体变量时，系统为它分配的内存空间是（　　）。

    A. 结构中一个成员所需的内存容量

    B. 结构中第一个成员所需的内存容量

    C. 结构体中占内存容量最大者所需的内存容量

    D. 结构中各成员所需内存容量之和

3. 定义以下结构体类型

```
struct s
{ int x;
  float f;
}a[3];
```

则语句"printf("%d",sizeof(a));"的输出结果为（　　）。

    A. 4　　　　　　　　B. 12　　　　　　　C. 18　　　　　　　D. 6

4. 定义以下结构体数组

```
struct c
{ int x;
  int y;
}s[2]={1,3,2,7};
```

则语句"printf("%d",s[0].x * s[1].x);"的输出结果为（　　）。

    A. 14　　　　　　　B. 6　　　　　　　　C. 2　　　　　　　　D. 21

5. 运行下列程序段

```
struct country
{ int num;
```

```
      char name[10];
}x[5]={1,"China",2,"USA",3,"France",4,"England",5,"Spanish"};
struct country * p;
p=x+2;
printf("%d,%c",p->num,(*p).name[2]);
```

输出结果是(   )。

    A. 3,a   B. 4,g   C. 2,U   D. 5,S

6. 下列程序的运行结果是(   )。

```
struct   KeyWord
{
  char Key[20];
  int ID;
}kw[]={"void",1,"char",2,"int",3,"float",4,"double",5};
main()
{
  printf("%c,%d\n",kw[3].Key[0], kw[3].ID);
}
```

    A. i,3   B. n,3   C. f,4   D. l,4

7. 定义以下结构体类型

```
struct   student
{
  char   name[10];
  int   score[50];
  float   average;
}stud1;
```

则 stud1 占用内存的字节数是(   )。

    A. 64   B. 114   C. 228   D. 7

8. 如果有下面的定义和赋值,则使用(   )不可以输出 n 中 data 的值。

```
struct   SNode
{
  unsigned id;
  int data;
}n, * p;
p=&n;
```

    A. p.data   B. n.data   C. p->data   D. (*p).data

9. 根据下面的定义,能输出 Mary 的语句是(   )。

```
struct person
{
  char name[9];
  int age;
```

```
};
struct person class[5]={"John",17,"Paul",19,"Mary",18,"Adam",16};
```

  A. printf("%s\n",class[1].name);

  B. printf("%s\n",class[2].name);

  C. printf("%s\n",class[3].name);

  D. printf("%s\n",class[0].name);

 10. 定义以下结构体类型

```
struct date
{ int year;
  int month;
  int day; };
  struct s
  { struct date birthday;
  char name[20];
} x[4]={{2008, 10, 1, "Guangzhou"}, {2009, 12, 25, "Tianjin"}};
```

则语句"printf("%s,%d,%d,%d",x[0].name,x[1].birthday.year);"的输出结果为( )。

  A. Guangzhou,2009   B. Guangzhou,2008

  C. Tianjin,2008   D. Tianjin,2009

 11. 运行下列程序段,输出结果是( )。

```
struct country
{ int num;
  char name[20];
}x[5]={1, "China", 2, "USA", 3, "France", 4, "England", 5, "Spanish"};
struct country * p;
p=x+2;
printf("%d,%s",p->num,x[0].name);
```

  A. 2,France   B. 3,France

  C. 4,England   D. 3，China

 12. 定义以下结构体类型

```
struct
{
  int num;
  char name[10];
}x[3]={1,"China",2,"USA",3,"England"};
```

则语句"printf("\n%d,%s",x[1].num,x[2].name);"的输出结果为( )。

  A. 2,USA   B. 3,England

  C. 1,China   D. 2,England

13. 定义以下结构体类型

```
struct  date
{
  int  year;
  int  month;
};
struct  s
{
  struct date birth;
  char  name[20];
}x[4]={{2008,8,"Hangzhou"},{2009,3,"Tianjin"}};
```

则语句"printf("%c,%d",x[1].name[1],x[1].birth.year);"的输出结果为(   )。

    A. a,2008   B. Hangzhou,2008

    C. i,2009   D. Tianjin,2009

14. 运行下列程序,输出结果是(   )。

```
struct  contry
{
  int  num;
  char  name[20];
}x[5]={1,"China",2,"USA",3,"France",4,"Englan",5,"Spanish"};
main()
{
  int i;
  for  (i=3;i<5;i++)
    printf("%d%c",x[i].num,x[i].name[0]);
}
```

    A. 3F4E5S   B. 4E5S   C. F4E   D. c2U3F4E

文件与数据存储

计算机存储系统分为内存储器与辅助存储器,本书到目前为止编写的程序操作的数据都是存储在内存储器中的,当程序运行结束时,数据也将随着程序的结束而消失。为了保存经程序处理的数据信息,需要将数据独立地存储到辅助存储器。

文件是程序设计中的一个重要概念,是实现程序和数据分离的重要方式。本章将首先简要介绍 C 语言中的核心文件操作,然后结合实际案例阐述如何利用 AI 辅助解决文件操作实现中的问题。

◆ 8.1 核心文件操作

本节将简单探讨文件操作的核心内容,包括文件的打开、读取、写入和关闭等操作。对于本节涉及的尚未详细解释的文件操作相关内容,如果读者在实际操作中遇到了困难,可以随时利用 ChatGPT 进行即时学习。

8.1.1 文件的打开与关闭

1. 文件打开

在 C 语言中,可以使用 fopen() 打开文件,fopen 函数的原型如下:

```
FILE * fopen(const char * filename, const char * mode);
```

fopen 函数需要两个参数,第一个参数 filename 是打开文件的名称(包括路径,如果文件不在程序的当前工作目录中),第二个参数 mode 是打开文件的模式,例如:"FILE * fp = fopen("test.txt", "w");",test.txt 是文件名,w 是打开文件的模式。常用的文件打开模式如表 8.1 所示。

表 8.1　常用的文件打开模式

模　式	描　　　　　述
r	以只读方式打开文件。文件必须存在
w	以写入方式打开文件。如果文件存在,则会删除文件内容;如果文件不存在,则会创建文件

续表

模　式	描　述
a	以追加方式打开文件。数据会被添加到文件的末尾。如果文件不存在,则会创建文件
r+	以读/写方式打开文件。文件必须存在
w+	以读/写方式打开文件。如果文件存在,则会删除文件内容;如果文件不存在,则会创建文件
a+	以读/追加方式打开文件。如果文件不存在,则会创建文件

如果是处理二进制文件,则需要在打开模式的末尾加上一个"b",例如 rb、wb 等。

2. 文件关闭

在 C 语言中,可以使用 fclose()关闭文件,fclose 函数的原型如下:

```
int * fclose(FILE * fp);
```

调用 fclose 函数将关闭 fp 所指的文件。

8.1.2　文件的读取

在 C 语言中,可以使用以下函数读取文件中的内容。

1. 字符读取函数

```
int fgetc(FILE * fp);
```

fgetc 函数可以从 fp 所指的文件中读取文件中位置指针(光标)后的一个字符,并将位置指针后移一位。

2. 字符串读取函数

```
char * fgets(char * s, int n, FILE * fp);
```

fgets 函数可以从 fp 所指的文件中读取一个长度为 n−1 的字符串(减 1 的原因是字符串数组末尾需要加入结束符'\0'),并将字符串存储到 s 字符数组。

3. 格式化读取函数

```
int fscanf(FILE * fp, const char * format, …);
```

fscanf 函数可以按照指定的格式读取 fp 所指的文件的内容,和 scanf()函数类似,只不过 fscanf()是从文件中读取,而 scanf()是从标准输入中读取。

4. 块读函数

```
unsigned fread(void * buffer, unsigned size, unsigned count, FILE * fp);
```

fread 函数可以从 fp 所指的文件中读取大小为 size 的数据块,读取块的个数为 count,并将这些数据块存储到 buffer 所指的空间。

8.1.3　文件的写入

在 C 语言中，可以使用以下函数向文件中写入内容。

1. 字符写入函数

```
int fputc(int ch, FILE * fp);
```

fputc 函数可以将字符 ch 写入 fp 所指的文件。

2. 字符串写入函数

```
int fputs(const char * s, FILE * fp);
```

fputs 函数可以将 s 中的字符串写入 fp 所指的文件。

3. 格式化写入函数

```
fprintf(FILE * stream, const char * format, …);
```

fprintf 函数可以按照指定的格式向 fp 所指的文件中写入内容，和 printf()函数类似，只不过 fprintf()是向文件中写入内容，而 printf()是向标准输出中写入内容。

4. 块读函数

```
unsigned fwrite(void* buffer, unsigned size, unsigned count, FILE * fp);
```

fwrite 函数可以向 fp 所指的文件中写入存储于 buffer 所指的空间且大小为 size 的数据块，写入的数据块个数为 count。

8.2　应用实例讲解

本节将通过探讨一些典型的案例，帮助读者深入了解如何运用 AI（本节主要利用 Copilot）协助进行文件操作。

8.2.1　字符串读写应用实例

例 8.1
视频讲解

【例 8.1】　编写一个程序，将从键盘输入的若干行字符串存入文件 8_21.txt，且将文件中的内容重新读出并显示到屏幕上（以"♯"作为输入结束标志）。

程序功能描述：

```
//编写一个程序,将从键盘输入的若干行字符串存入文件 8_21.txt ,且将文件中的内容重新读出
//并显示到屏幕上(以"#"作为输入结束标志)
```

Copilot 生成的代码如下：

```
#include <stdio.h>
#include <stdlib.h>
```

```
#include <string.h>

int main()
{
FILE * fp;
char str[100];
if ((fp = fopen("8_21.txt", "w")) == NULL)
{
printf("cannot open file\n");
exit(0);
}
printf("input string:\n");
gets(str);
while (strcmp(str, "#") != 0)
{
fputs(str, fp);
fputs("\n", fp);
gets(str);
}
fclose(fp);
if ((fp = fopen("8_21.txt", "r")) == NULL)
{
printf("cannot open file\n");
exit(0);
}
printf("the content of the file is:\n");
while (!feof(fp))
{
fgets(str, 100, fp);
printf("%s", str);
}
fclose(fp);
return 0;
}
```

运行结果如下：

```
input string:
hello#
output string:
hello
```

在例 8.1 中，问题直接作为程序功能描述提供给 Copilot。由于这个问题描述的功能相对简单，因此 Copilot 成功地编写出符合要求的程序。然而，实际应用中需要实现的功能往往更为复杂。如果直接将复杂的功能描述提供给 Copilot，可能会因为其对功能理解不准确，从而引发程序功能缺失等问题。同样，对于一整段的功能描述，Copilot 可能会将所有功能都集成在 main 函数中，这不利于程序的阅读和后续调整。

为了解决这个问题，可以用烹饪一道菜肴的过程作类比。想象一下，如果只给你一张完整的菜肴图片,而没有详细的烹饪步骤,你可能会觉得无从下手。然而,如果将整个烹饪过程拆解成一系列小步骤,每个步骤都有具体明确的说明,那么烹饪过程就会变得更加容易。这种方式使你能够更轻松地定位问题,并更方便地调整和优化烹饪过程。

就像烹饪一道菜肴一样,可以将复杂的程序功能描述拆分成一系列小的功能子任务,以解决复杂的文件操作问题。这样的方法不仅使问题更易于管理,而且使 Copilot 能更准确地理解需求,并按照这些子任务逐个实现功能。在后续的实例讲解中,本书将使用这种方法清晰地展示如何实现复杂功能需求的每一个步骤,就像一步一步地烹饪出一道美味的菜肴一样,可以通过拆解复杂任务的方式逐步引导 Copilot 编写出完整的程序。

采取新策略后的程序功能描述:

```c
//编写一个具有以下功能的程序:
//1. 将从键盘输入的若干行字符串写入文件 8_21.txt,以"#"作为输入结束标志
//2. 将文件中的内容重新读出显示到屏幕上
//以上两个功能分别用函数实现,主函数调用这两个函数
#include <stdio.h>
#include <stdlib.h>
#include <string.h>
#define MAX 100
void write_file(char * filename);
void read_file(char * filename);
```

Copilot 生成的代码如下:

```c
int main()
{
    char filename[] = "8_21.txt";
    write_file(filename);
    read_file(filename);
    return 0;
}

void write_file(char * filename)      //将从键盘输入的若干行字符串写入文件 8_21.txt,以
                                      //"#"作为输入结束标志
{
    FILE * fp;
    char str[MAX];
    if ((fp = fopen(filename, "w")) == NULL)
    {
        printf("Can't open file %s\n", filename);
        exit(0);
    }
    printf("Please input string:\n");
    gets(str);
    while (strcmp(str, "#") != 0)
    {
        fputs(str, fp);
        fputs("\n", fp);
        gets(str);
```

```
    }
    fclose(fp);
}

void read_file(char * filename){              //将文件中的内容重新读出显示到屏幕上
    FILE * fp;
    char str[MAX];
    if ((fp = fopen(filename, "r")) == NULL)
    {
        printf("Can't open file %s\n", filename);
        exit(0);
    }
    while (fgets(str, MAX, fp) != NULL)
    {
        printf("%s", str);
    }
    fclose(fp);
}
```

运行结果如下：

```
input string:
hello
#
output string:
hello
```

注意：在利用以上策略解决问题时，可能会遇到只生成函数但函数没有内容的情况，如
下所示：

```
# include <stdio.h>
# include <stdlib.h>
# include <string.h>
# define MAX 100

void write_file(char * filename);
void read_file(char * filename);              //两个函数都没有具体内容

int main()
{
    char filename[] = "8_21.txt";
    write_file(filename);
    read_file(filename);
    return 0;
}
```

　　在这种情况下，需要引导 Copilot 填充函数的具体内容。首先需要复制函数头部信息，
即 void write_file(char * filename)，然后在其后面加上一对花括号 void write_file(char *
filename){}。当将花括号中的闭括号换行后，Copilot 就会在花括号内部补充函数的详细

内容。

【例 8.2】　从键盘输入一行字符串：Teach you how to design good C programs，将其追加到 text01.txt 文本中。

程序功能描述：

```
//编写一个具有以下功能的程序：
//1.从键盘输入一个字符串,以 Enter 结束
//2.将字符串追加到文件 text01.txt 中
//以上两个功能分别用两个函数实现,在主函数中调用这两个函数
```

Copilot 生成的代码如下：

```c
# include <stdio.h>
# include <stdlib.h>
# include <string.h>

void input(char * str);
void append(char * str);

int main(void)
{
    char str[100];
    input(str);
    append(str);
    return 0;
}

void input(char * str)
{
    printf("请输入一个字符串:");
    gets(str);
}

void append(char * str)
{
    FILE * fp;
    if((fp = fopen("text01.txt", "a")) == NULL)
    {
        printf("文件打开失败!\n");
        exit(0);
    }
    fputs(str, fp);
    fclose(fp);
}
```

运行结果如下：

```
请输入一个字符串:
Hello World
```

8.2.2　学生信息读写实例

【例 8.3】　将下表中的学生信息写入文件 student.txt。

学号	姓名	语文	数学	英语	综合	总分
110100105	杨婷	130.0	132.0	128.0	256.0	646.0
110100104	刘洁	121.0	105.0	130.0	250.0	606.0
110100102	李克	108.0	130.0	125.0	241.0	604.0
110100101	王小东	112.0	120.0	121.0	230.0	583.0
110100103	赵公卿	99.0	98.0	101.0	200.0	498.0

注意：行首输入 q 时结束输入信息。

程序功能描述：

```
//程序的功能是将学生的信息存储到文件 student.txt 中
//以下是程序内容的细节说明：
//1. 学生的信息包括学号、姓名、学科成绩(语文、数学、英语、综合)和总分,其中学科成绩和总分
//保留一位小数
//2. 当行首输入 q 时,结束输入信息
//以下是文件中内容的样例：
//学号          姓名   语文   数学   英语   综合   总分
//110100105    张三   89.0   78.0   67.0   76.0   310.0
```

Copilot 生成的代码：

```c
#include <stdio.h>
#include <stdlib.h>
#include <string.h>
#define MAXLEN 100

typedef struct student
{
    char id[20];
    char name[20];
    float chinese;
    float math;
    float english;
    float synthesis;
    float total;
}student;


int main ()
{
    student stu[MAXLEN];
    int i = 0;
```

```
    FILE * fp;
    fp = fopen("student.txt", "w");
    if(fp == NULL){
        printf("open file error!\n");
        exit(0);
    }
    printf("please input the student's information:\n");
    printf("please input the student's id:\n");
    scanf("%s",stu[i].id);
    while(strcmp(stu[i].id,"q") != 0){
        printf("please input the student's name:\n");
        scanf("%s",stu[i].name);
        printf("please input the student's chinese score:\n");
        scanf("%f",&stu[i].chinese);
        printf("please input the student's math score:\n");
        scanf("%f",&stu[i].math);
        printf("please input the student's english score:\n");
        scanf("%f",&stu[i].english);
        printf("please input the student's synthesis score:\n");
        scanf("%f",&stu[i].synthesis);
        stu[i].total = stu[i].chinese + stu[i].math + stu[i].english + stu[i].
synthesis;
        fprintf(fp,"%s\t%s\t%.1f\t%.1f\t%.1f\t%.1f\t%.1f\n",stu[i].id,stu[i].
name,stu[i].chinese,stu[i].math,stu[i].english,stu[i].synthesis,stu[i].
total);
        i++;
        printf("please input the student's id:\n");
        scanf("%s",stu[i].id);
    }
    fclose(fp);
    return 0;
}
```

　　本例给出的信息是具有结构性的信息（一个学生信息包含多种子类信息），对于这种信息，Copilot 通常会采取结构体的方式操作数据，所以在程序的功能描述中就需要详细地解释信息之间的关系，例如：学生的信息包括学号、姓名、学科成绩（语文、数学、英语、综合）和总分，其中学科成绩和总分保留一位小数。

　　【例 8.4】 程序已将按总分递增的学生数据存入二进制文件 student.dat，编写一个程序，将属性为{"110100106","柯男",121.0,130.0,99.0,215.0,565.0}的学生数据追加到文件末尾，并重新读取学生信息后输出到屏幕上。

例 8.4
视频讲解

　　程序功能描述：

```
//编写一个具有以下功能的程序:
//1. 将一个学生的信息追加到二进制文件 student.dat
//2. 从 student.dat 中读取学生信息并显示
//以下是程序内容的细节说明:
//学生信息为:{学号,姓名,语文,数学,英语,综合,总分},本题中学生信息为:{"110100106",
```

```
//"柯男",121.0,130.0,99.0,215.0,565.0}
//以下是文件中的内容样例：
//学号          姓名  语文  数学  英语  综合  总分
//110100105    张三  89.0  78.0  67.0  76.0  310.0
```

Copilot 生成的代码如下：

```c
#include <stdio.h>
#include <stdlib.h>
#include <string.h>

typedef struct student
{
    char id[20];
    char name[20];
    float chinese;
    float math;
    float english;
    float synthesis;
    float total;
}student;

void write(student stu)
{
    FILE * fp = fopen("student.dat","wb");
    if(fp == NULL){
        printf("open file error\n");
        exit(0);
    }
    fwrite(&stu,sizeof(student),1,fp);
    fclose(fp);
}

void read()
{
    FILE * fp = fopen("student.dat","rb");
    if(fp == NULL){
        printf("open file error\n");
        exit(0);
    }
    student stu;
    fread(&stu,sizeof(student),1,fp);
    printf("学号          姓名    语文      数学      英语      综合      总分\n");
    printf("%-10s    %-4s  %-4.1f  %-4.1f  %-4.1f  %-4.1f  %-4.1f\n",stu.id,
stu.name,stu.chinese,stu.math,stu.english,stu.synth esis,stu.total);
    fclose(fp);
}

int main()
```

```
{
    student stu;
    strcpy(stu.id,"110100106");
    strcpy(stu.name,"柯男");
    stu.chinese = 121.0;
    stu.math = 130.0;
    stu.english = 99.0;
    stu.synthesis = 215.0;
    stu.total = 565.0;
    write(stu);
    read();
    return 0;
}
```

运行结果如下：

学号	姓名	语文	数学	英语	综合	总分
110100106	柯男	121.0	130.0	99.0	215.0	565.0

【例 8.5】 程序已将学生排序的信息数据存入了二进制文件 student.dat，编写程序，从文件中由后向前读取学生数据的结果并保存到二进制文件 student1.dat。

程序功能描述：

```
//编写一个程序,从二进制文件 student.dat 中由后向前读取学生数据的结果并写到 student1.
//dat 中
//学生的信息包括:学号、姓名、成绩
//文件中学生信息样例如下:
//2017001 张三 90
```

Copilot 生成的代码如下：

```c
#include <stdio.h>
#include <stdlib.h>
#include <string.h>

typedef struct student
{
    int id;
    char name[20];
    int score;
} Student;

int main()
{
    FILE * fp1, * fp2;
    Student stu;
    int i, j, n;
    if ((fp1 = fopen("student.dat", "rb")) == NULL)
```

```
{
    printf("can not open file\n");
    exit(0);
}
if ((fp2 = fopen("student1.dat", "wb")) == NULL)
{
    printf("can not open file\n");
    exit(0);
}
fseek(fp1, 0, SEEK_END);
n = ftell(fp1) / sizeof(Student);
for (i = n - 1; i >= 0; i--)
{
    fseek(fp1, i * sizeof(Student), SEEK_SET);
    fread(&stu, sizeof(Student), 1, fp1);
    fwrite(&stu, sizeof(Student), 1, fp2);
}
fclose(fp1);
fclose(fp2);
return 0;
}
```

本例涉及没有讲授过的知识点——fseek 函数和 ftell 函数的调用,可以利用 ChatGPT 补充讲解该知识点,同时让 ChatGPT 为代码写注释,让整段代码的学习更简单。

下面以 fseek 为例,如图 8.1 所示。

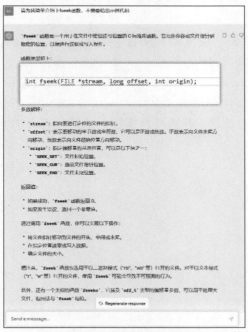

图 8.1　利用 ChatGPT 解释代码

以上咨询 ChatGPT 的方法并不唯一,结合自身疑问所在才能获得最好的学习效果。

◆ 本 章 小 结

本章首节详细介绍了文件操作的基本知识，涵盖如何打开和关闭文件的函数，以及在 C 语言中常用的文件读取和写入函数，这些知识有助于读者理解本章中 AI 生成的代码内容。然后通过一系列经典案例重点阐述了在使用 AI 解决文件操作问题时的任务分解策略，以及如何应对函数内无内容的问题。此外，还解释了在遇到结构化数据时，如何引导 AI 使用结构体进行数据处理。最后提供了一个例题，涉及本书尚未介绍过的知识点，通过此例题讲解了如何运用 ChatGPT 学习新知识，从而不断扩充和完善文件操作知识。

◆ 课 后 习 题

1. test1.txt 和 test2.txt 两个文件中各含有一行字符。现在需要将这两个文件中的信息进行合并，并将合并结果保存到 test3.txt 文件。

2. 现需要从键盘输入 5 名学生的信息，学生的信息包括学号、姓名、3 门课程成绩，并计算出总成绩，最后将从键盘输入的学生信息和总成绩一同存入 student.txt 文件。

3. student.txt 文件无序存放着 5 名学生的信息，学生的信息包括学号、姓名、语文成绩、英语成绩、数学成绩、总成绩。现在需要将文件内的学生信息按总成绩由高到低进行排序，并将排序好的成绩存入 student1.txt 文件。

4. 在题 3 中，对 student.txt 文件中的学生信息按总成绩由高到低进行排序后得到 student1.txt，现需将学生的姓名和总成绩单独抽取出来，另建一个简明的学生成绩单（report_card.txt）。

5. student.txt 文件中按总成绩由高到低存放着 5 名学生的信息，学生的信息包括学号、姓名、语文成绩、英语成绩、数学成绩、总成绩。现在需要将这 5 名学生按总成绩由低到高的顺序存入 student1.txt（采取由后向前读取学生信息的方式解决问题）。

6. 现有 student.txt 文件存放着 5 名学生的信息，学生的信息包括学号、姓名、语文成绩、英语成绩、数学成绩、总成绩。现需要根据输入的学号查询学生的总成绩并输出。

AI 辅助竞赛题解答

在信息技术高度发达的时代,人工智能(AI)已成为解答 ICPC(国际大学生程序设计竞赛)算法题目的有力工具。AI 在编写 ICPC 代码的过程中可以发挥重要作用。一般情况下,可以采用两种常见的方法利用 AI 的能力。

第一种方法是将题目提供给 AI,让 AI 对题目信息进行深入分析和分解。AI 可以通过自然语言处理和机器学习等技术解读和理解题目要求、输入和输出的规范,提取出关键信息并进行逻辑推理。这样,AI 便可以将复杂的问题分解为更小、更容易处理的子问题。将分解后的信息再次提供给 AI,它将根据这些信息生成相应的代码,从而实现题目要求的功能。

第二种方法是直接将题目提供给 AI,并要求 AI 直接生成代码。AI 在进行代码生成时,可以利用预训练模型、强化学习或遗传算法等技术。AI 通过学习大量的编程语言规范和编程范例,能够生成结构完整、语法正确的代码。虽然 AI 生成的代码可能存在一定的错误,但在处理典型的编程题目时,其正确性可超过 80%,甚至可以达到 100% 的正确率。此外,AI 提供的解题框架通常是经过验证和测试的,具备一定的可靠性和有效性。

◆ 9.1 蓝桥杯竞赛题自动答题

蓝桥杯竞赛是中国极具影响力的计算机科学和信息技术竞赛之一,旨在发现、培养和选拔优秀的计算机人才。自 2009 年首届举办以来,已成为计算机学子展示才华和技能的舞台,也是学校和机构选拔人才的重要标志。竞赛提供实践和交流的平台,与来自全国的优秀学子相互学习、切磋,拓宽思维视野。参与蓝桥杯竞赛将挑战自我、展现才华,带来学习和发展机会,对个人学习和未来的职业发展具有重要意义。本书重点介绍利用 AI 解决蓝桥杯竞赛题目的方法,AI 具有强大的学习和推理能力,能更高效地解决复杂的编程问题。通过学习 AI 在竞赛题中的应用,可以拓展解题思路、提高效率,为参赛者取得更好的成绩提供支持。

9.1.1 蓝桥杯竞赛特点

蓝桥杯竞赛题目的特点在于其难度属于中等级别,需要参赛者具备一定的编程知识和技能才能有效地解决这些问题。竞赛题目涉及多个计算机科学与技术领域,包括算法设计与优化、程序设计、网络与安全、人工智能等方面。解决这些问题需要参赛者熟悉各种数据结构和算法,具备良好的编程能力和问题解决能力。

在竞赛中,参赛者需要迅速理解问题的要求和限制条件,并设计出高效的算法和编码方案。解题过程中,合理地选择和应用数据结构、算法和编程技巧是取得成功的关键。此外,考虑到竞赛的时间限制,参赛者还需要具备较强的逻辑思维能力和快速编码的能力,以在有限的时间内完成解题过程。

为了更好地应对竞赛的挑战,参赛者需要具备以下编程知识和技能。

- 编程语言:熟悉至少一种主流编程语言,如 C/C++、Java、Python 等,掌握其基本语法和常用库函数。
- 数据结构:了解各种数据结构的特点和应用场景,包括数组、链表、栈、队列、树、图等,能够选择合适的数据结构解决问题。
- 算法设计与分析:熟悉常见的算法设计方法,如贪心法、动态规划、回溯算法、分治算法等,能够根据问题特点选择合适的算法并进行分析。
- 问题建模和抽象能力:将实际问题转化为可计算的数学模型或算法描述,进行问题的抽象和建模,是解决复杂问题的重要能力。
- 调试和优化:具备良好的调试技巧和优化思维,能够快速定位和解决代码中的错误,并对性能进行优化。

接下来的章节将介绍一些基本的解题方法、技巧和实践经验,帮助参赛者更好地应对蓝桥杯竞赛的题目。这些方法和技巧涵盖算法设计、编程技巧、问题分析和优化等方面,可以为参赛者提供解决问题的有效策略,并提升其在竞赛中的表现。

9.1.2 基本解题方法概述

在解题过程中,了解一些基本的解题方法和技巧对于有效地利用 AI 解题非常重要,这些方法和技巧可以帮助参赛者更好地理解问题、设计解决方案,并在使用 AI 算法时做出适当的调整和优化。以下是一些常用的基本解题方法。

- 分析问题:在着手解决问题之前,首先需要仔细分析问题的要求和限制条件。理解问题的背景和目标,确定问题的输入和输出,考虑问题的规模和复杂度,以及理解问题的约束和限制等。通过深入分析问题,可以帮助参赛者更好地理解问题的本质,为解决方案的设计奠定基础。
- 确定算法:根据问题的特点和要求,选择合适的算法解决问题。常见的算法包括贪心法、动态规划、回溯算法、分治算法等。了解不同算法的适用场景和解决思路,可以帮助参赛者在解题过程中做出正确的选择。
- 设计数据结构:根据问题的特点和算法的要求,设计合适的数据结构以组织和处理数据。选择合适的数据结构可以提高算法的效率和代码的可读性。常见的数据结构包括数组、链表、栈、队列、树、图等。
- 编写代码:根据选定的算法和数据结构,编写相应的代码实现解决方案。在编写代码时,要注重代码的可读性、模块化和复用性。合理地使用函数和类组织代码,编写清晰的注释,可以提高代码的可维护性和可扩展性。
- 调试和优化:在编写代码后,调试和优化是必不可少的步骤。通过调试可以找到代码中的错误和问题,并进行修复。同时,优化代码可以提高程序的执行效率和性能。优化包括选择更优的算法、减少不必要的计算和内存消耗、利用并行和并发等技术提高程序的运行速度等。

在利用 AI 解题时,上述基本解题方法同样适用。AI 算法可以作为解题过程中的一种工具或方法,辅助参赛者进行问题分析、算法选择、数据结构设计和代码编写。然而,AI 算法并非万能的解决方案,仍然需要选手对问题进行适当的分析,并结合 AI 算法进行适当的调整和优化。

下面将重点介绍如何利用 AI 算法解决蓝桥杯竞赛题目。通过了解和运用基本解题方法,结合 AI 算法的特点和优势,参赛者将能够更好地应对竞赛中的各种问题,并取得更好的解题效果。

9.1.3　贪心法

贪心法是一种基于贪心策略的算法设计方法。在每一步的选择中,贪心法总是选择当前最优的解决方案,而不考虑全局最优解决方案,它通过局部最优选择的累积得到全局最优解。

【例 9.1】　股票买卖。

问题描述:

给定一个长度为 N 的数组,数组中的第 i 个数字表示一支给定股票在第 i 天的价格。设计一个算法计算能获取的最大利润。你可以尽可能地完成更多的交易(多次买卖一支股票)。

注意:你不能同时参与多笔交易(你必须在再次购买前出售掉之前的股票)。

输入格式:

第一行包含整数 N,表示数组长度。

第二行包含 N 个不大于 10000 的正整数,表示完整的数组。

输出格式:

输出一个整数,表示最大利润。

数据范围:

$1 \leqslant N \leqslant 105$。

解题思路及分析:这是一道股票交易问题,要求设计算法计算能够获取的最大利润。给定一个长度为 N 的数组,数组中的第 i 个数字表示一支给定股票在第 i 天的价格。可以多次买卖同一支股票,但不能同时参与多笔交易,即必须在再次购买前出售掉之前的股票。该问题可以采用贪心法解决。贪心法的思想是在每一步都选择当前的最优解,以期望最终能够达到全局最优解。

利用 Copilot 解题如下:

```
//股票买卖
//问题描述:
//给定一个长度为 N 的数组,数组中的第 i 个数字表示一支给定股票在第 i 天的价格
//设计一个算法计算能获取的最大利润。你可以尽可能地完成更多的交易(多次买卖一支股票)
//注意:你不能同时参与多笔交易(你必须在再次购买前出售掉之前的股票)
```

```
//输入格式:
//第一行包含整数 N,表示数组长度
//第二行包含 N 个不大于 10000 的正整数,表示完整的数组
//输出格式:
//输出一个整数,表示最大利润
//数据范围:
//1 ≤ N ≤ 105
//该题需要使用贪心法,贪心法的核心是每一步都选择最优解,从而得到全局最优解
//用 C 语言实现的代码如下:
#include <stdio.h>
int main()
{
    int n;
    scanf("%d",&n);
    int a[n];
    for(int i=0;i<n;i++)
    {
        scanf("%d",&a[i]);
    }
    int sum=0;
    for(int i=1;i<n;i++)
    {
        if(a[i]>a[i-1])
        {
            sum+=a[i]-a[i-1];
        }
    }
    printf("%d",sum);
    return 0;
}
```

　　注意"用 C 语言实现的代码如下："这句话对于引导 Copilot 给出代码至关重要,尤其是"如下"和"："这样的关键词和关键符号。需要这样引导是因为 Copilot 实际上是一个代码补全(Code Completion)AI,它会给用户提供编写代码的建议。

9.1.4　动态规划

　　动态规划是一种解决多阶段决策问题的优化方法,它通过将问题分解为一系列重叠的子问题并保存子问题的解避免重复计算,从而实现高效求解。

　　【例 9.2】　方格游戏。

　　问题描述：

　　小蓝在一个 n 行 m 列的方格图中玩一个游戏。

　　开始时,小蓝站在方格图的左上角,即第 1 行第 1 列。

　　小蓝可以在方格图上走动,走动时,如果当前在第 r 行第 c 列,则他不能走到行号比 r 小的行,也不能走到列号比 c 小的列。同时,他一步走的直线距离不能超过 3。

　　例如,如果当前小蓝在第 3 行第 5 列,则他下一步可以走到第 3 行第 6 列、第 3 行第 7 列、第 3 行第 8 列、第 4 行第 5 列、第 4 行第 6 列、第 4 行第 7 列、第 5 行第 5 列、第 5 行第 6

例 9.2
视频讲解

列、第 6 行第 5 列之一。

小蓝最终要走到第 n 行第 m 列。

在图中,有的位置有奖励,走上去即可获得;有的位置有惩罚,走上去就要接受惩罚。奖励和惩罚最终抽象成一个权值,奖励为正,惩罚为负。

小蓝希望从第 1 行第 1 列走到第 n 行第 m 列后获得的总的权值最大。请问权值总和最大是多少?

输入描述:

第一行包含两个整数 n 和 m,表示图的大小。

接下来的 n 行,每行有 m 个整数,表示方格图中每个点的权值。其中,1<n<100,-104<权值<10。

输出描述:

输出一个整数,表示最大权值和。

分析:本题题干较长,可以先利用 ChatGPT 对题目进行分析,结果如下:

这道题目描述了小蓝在一个方格图中玩游戏的情景。方格图由 n 行 m 列组成,小蓝开始时站在左上角,即第 1 行第 1 列。小蓝可以在方格图上走动,但有一些限制:

① 小蓝不能向上走到行号比当前行小的行,也不能向左走到列号比当前列小的列。

② 小蓝每次走动的直线距离不能超过 3。

方格图中的每个位置都有一个权值,可能是奖励(正数)或惩罚(负数)。小蓝希望从第 1 行第 1 列走到第 n 行第 m 列后,能够获得最大的权值总和。

为了解决这个问题,需要找到一条从起始位置到终点位置的路径,使得路径上经过的位置的权值之和最大。可以使用动态规划的思想解决。

具体解题思路如下:

① 创建一个二维数组 dp,其中 dp[i][j] 表示从第 1 行第 1 列走到第 i 行第 j 列时的最大权值和。

② 初始化 dp 数组的第 1 行和第 1 列,dp[1][1] 的初始值为方格图中第 1 行第 1 列的权值。

③ 从第 2 行第 2 列开始,对于每个位置(i, j),根据题目要求的限制条件计算 dp[i][j] 的值:-dp[i][j] = max(dp[i-3][j], dp[i-2][j], dp[i-1][j]) + 方格图中位置(i, j)的权值,即选择从上方走一步、两步或三步中权值最大的路径,再加上当前位置的权值。

④ 最终,dp[n][m] 即为从第 1 行第 1 列走到第 n 行第 m 列时的最大权值和。

通过以上步骤,可以求得小蓝走到终点位置后的最大权值和,最后输出这个最大权值和即可作为答案。

这个算法的关键在于利用动态规划的思想,通过保存之前的计算结果避免重复计算,提高了效率。同时,通过合理地定义状态转移方程,可以逐步计算出最终结果。

有了解题的思路,接下来利用 ChatGPT 完成这道题目的解答。

```
//这道题目描述了小蓝在一个方格图中玩游戏的情景。方格图由 n 行 m 列
//组成,小蓝开始时站在左上角,即第 1 行第 1 列。小蓝可以在方格图上走动,
//但有一些限制:
```

```
//小蓝不能向上走到行号比当前行小的行,也不能向左走到列号比当前列小的列
//小蓝每次走动的直线距离不能超过 3
//方格图中的每个位置都有一个权值,可能是奖励(正数)或惩罚(负数)。小
//蓝希望从第 1 行第 1 列走到第 n 行第 m 列后,能够获得最大的权值总和
//为了解决这个问题,需要找到一条从起始位置到终点位置的路径,使得
//路径上经过的位置的权值之和最大。可以使用动态规划的思想解决
//具体解题思路如下:
//创建一个二维数组 dp,其中 dp[i][j]表示从第 1 行第 1 列走到第 i 行第 j 列
//时的最大权值和
//初始化 dp 数组的第 1 行和第 1 列,dp[1][1]的初始值为方格图中第 1 行第 1
//列的权值
//从第 2 行第 2 列开始,对于每个位置(i, j),根据题目要求的限制条件计
//算 dp[i][j]的值:
//dp[i][j] = max(dp[i-3][j], dp[i-2][j], dp[i-1][j]) + 方格图中位置
//(i, j)的权值,即选择从上方走一步、两步或三步中权值最大的路径,再加上当
//前位置的权值
//最终,dp[n][m]即为从第 1 行第 1 列走到第 n 行第 m 列时的最大权值和
//基于上述思路,可以编写如下代码:
//C 语言实现
#include <stdio.h>
#include <stdlib.h>
#define MAXN 100
int max(int a, int b, int c, int d, int e, int f);
int main()
{
    int n, m, i, j;
    int dp[MAXN][MAXN];
    int map[MAXN][MAXN];
    scanf("%d%d", &n, &m);
    for(i = 1; i <= n; i++)
        for(j = 1; j <= m; j++)
            scanf("%d", &map[i][j]);
    dp[1][1] = map[1][1];
    for(i = 2; i <= n; i++)
        dp[i][1] = dp[i-1][1] + map[i][1];
    for(j = 2; j <= m; j++)
        dp[1][j] = dp[1][j-1] + map[1][j];
    for(i = 2; i <= n; i++)
        for(j = 2; j <= m; j++)
            dp[i][j] = map[i][j] + max(dp[i-3][j], dp[i-2][j], dp[i-1][j], dp[i]
[j-3], dp[i][j-2], dp[i][j-1]);
    printf("%d\n", dp[n][m]);
    return 0;
}
int max(int a, int b, int c, int d, int e, int f)
{
```

```
    int max = a;
    if(b > max)
        max = b;
    if(c > max)
        max = c;
    if(d > max)
        max = d;
    if(e > max)
        max = e;
    if(f > max)
        max = f;
    return max;
}
```

解题过程分析：第一次给出题干并加以引导时，代码中缺少 max 函数，导致代码不能运行且报错，此时需要在 main 函数之前空出一行，不久，Copilot 便会给出 max 函数，经过测试，代码正确。

9.1.5　图的染色算法

图的染色算法是指给定一个图，对图中的顶点进行染色的过程。染色的目标是使相邻的顶点具有不同的颜色，即相邻的顶点不能具有相同的颜色。

【例 9.3】　分配考场问题。

问题描述：

n 个人参加某项特殊考试。

为了公平，要求任何两个认识的人不能分在同一个考场。

求至少需要分几个考场才能满足条件。

输入格式：

第 1 行，一个整数 n(1<n<100)，表示参加考试的人数。

第 2 行，一个整数 m，表示接下来有 m 行数据。

以下 m 行每行的格式为：两个整数 a 和 b，用空格分开，(1≤a,b≤n)表示第 a 个人与第 b 个人认识。

输出格式：

一行一个整数，表示最少分几个考场。

利用 ChatGPT 生成题目分析：

这道题目要求确定参加特殊考试的 n 个人需要分成多少个考场才能满足一个条件：任何两个认识的人不能分在同一个考场。需要根据给定的输入计算出最少需要分几个考场。

可以通过思考解决这个问题。首先，可以将每个人看作一个结点，而认识的关系则可以看作结点之间的边。接下来，需要将认识的人分在不同的考场，这意味着需要将这些认识的人分在不同的组中，所以目标就是将这些结点分成尽可能少的组。

可以使用图的染色算法解决这个问题。从一个结点开始将其染成一种颜色（放入一个考场），然后将与该结点相邻的其他结点染成另一种颜色（放入另一个考场），以此类推。通过不断遍历每个结点并染色的方式,可以保证任何两个认识的人都不会分在同一个考场。

最后,需要确定使用了多少种颜色(分了多少个考场),这个数字就是要求的最少需要分几个考场的答案。

简单来说,这道题的解题思路是将认识的人分在不同的组,使用图的染色算法实现,最终的答案是使用的颜色(或考场)的个数,即最少需要分几个考场。

下面借助解题思路用 ChatGPT 生成代码。

```c
#include <stdio.h>

int t[105][105], cnt[1005], se[1005][105];
int res = 1e9 + 5, n, m;

int check(int s, int num) {
    for (int i = 1; i <= cnt[s]; i++) {
        if (t[num][se[s][i]]) return 0;
    }
    return 1;
}

void dfs(int s, int num) {
    if (s >= res) return;
    if (num > n) {
        res = s;
        return;
    }
    for (int i = 1; i <= s; i++) {
        if (check(i, num)) {
            se[i][++cnt[i]] = num;
            dfs(s, num + 1);
            se[i][cnt[i]--] = 0;
        }
    }
    se[s + 1][++cnt[s + 1]] = num;
    dfs(s + 1, num + 1);
    se[s + 1][cnt[s + 1]--] = 0;
}

int main() {
    scanf("%d%d", &n, &m);
    for (int i = 1; i <= m; i++) {
        int a, b;
        scanf("%d%d", &a, &b);
        t[a][b] = t[b][a] = 1;
    }
```

```
    dfs(1, 1);
    printf("%d\n", res);
    return 0;
}
```

9.1.6 深度优先算法

深度优先算法是一种用于遍历或搜索图和树的算法,它从起始结点开始,沿着一条路径一直向下访问,直到不能再继续下去,然后回溯到上一个结点,继续探索未访问的分支。这一过程一直进行,直到所有结点都被访问为止。

【例 9.4】 危险系数。

问题描述:

抗日战争时期,冀中平原的地道战曾发挥了重要作用。

地道的多个站点间有通道连接,形成了庞大的网络。但也有隐患,当敌人发现了某个站点后,其他站点间可能会因此失去联系。

定义一个危险系数 DF(x,y):

对于两个站点 x 和 y(x!=y),如果能找到一个站点 z,当 z 被敌人破坏后,x 和 y 不再连通,那么称 z 为关于 x,y 的关键点。相应的,对于任意一对站点 x 和 y,危险系数 DF(x,y)就表示这两点之间的关键点个数。

本题的任务是:已知网络结构,求两站点之间的危险系数。

输入格式:

输入数据第 1 行包含两个整数 n(2≤n≤1000),m(0≤m≤2000),分别代表站点数和通道数;

接下来的 m 行,每行有两个整数 u,v(1≤u, v≤n;u != v)代表一条通道;

最后一行有两个数 u,v,代表询问两点之间的危险系数 DF(u, v)。

输出格式:

一个整数,如果询问的两点不连通,则输出-1。

ChatGPT 对题目的分析:

在抗日战争时期,地道战在冀中平原发挥了重要作用。地道战的多个站点之间通过通道连接,形成了一个庞大的网络。然而,这种网络也存在一定的隐患,即当敌人发现某个站点并破坏后,其他站点之间可能会失去联系。

为了评估网络的脆弱性,引入了一个名为危险系数(Danger Factor)的概念。危险系数 DF(x,y)用于衡量两个站点 x 和 y 之间的脆弱程度。具体而言,如果存在一个站点 z,当站点 z 被敌人破坏后,站点 x 和站点 y 不再连通,那么称站点 z 是关于站点 x 和站点 y 的关键点。而危险系数 DF(x, y)则表示在站点 x 和站点 y 之间存在的关键点数量。

因此,本题的任务就是根据已知的网络结构,计算任意两个站点之间的危险系数。通过统计关键点的数量,可以评估某对站点之间的连接程度和网络的稳定性。危险系数越高,意味着敌人破坏某个关键点后,站点之间的连接性会受到更大的影响,网络的脆弱性也会增加。

ChatGPT 根据题干与分析给出的代码如下：

```c
#include <stdio.h>
#define MAX_N 1010
int rec[MAX_N] = {0};          //记录结点的访问次数，rec[i] = 2 表示结点 i 被访问 2 次
int vis[MAX_N] = {0};          //记录哪些结点被访问过
int pre[MAX_N] = {0};
int num = 0;
int vc[MAX_N][MAX_N];          //邻接矩阵表示网络结构
void dfs(int st, int des) {
    vis[st] = 1;
    if (st == des) {           //找到终点
        rec[des]++;
        int tt = st;
        while (pre[tt] != tt) {   //把起点到终点之间所有结点访问次数+1
            rec[pre[tt]]++;
            tt = pre[tt];
        }
        vis[st] = 0;
        return;
    }
    for (int i = 0; i < MAX_N; i++) {
        if (vc[st][i] && !vis[i]) {
            pre[i] = st;
            dfs(i, des);
            vis[i] = 0;
            pre[i] = 0;
        }
    }
}
int main() {
    int n, m;
    scanf("%d %d", &n, &m);

    for (int i = 0; i < MAX_N; i++) {
        for (int j = 0; j < MAX_N; j++) {
            vc[i][j] = 0;
        }
    }
    for (int i = 0; i < m; i++) {
        int a, b;
        scanf("%d %d", &a, &b);
        vc[a][b] = vc[b][a] = 1;
    }
    int st, des;
    scanf("%d %d", &st, &des);
```

```
    pre[st] = st;
    dfs(st, des);
    if (rec[des] == 0) {          //终点没有被访问过
        printf("-1\n");
        return 0;
    }
    for (int i = 1; i <= n; i++) {
        if (i != des && i != st) {
            if (rec[i] == rec[des]) {
            //结点访问次数等于终点访问次数的即为割点
                num++;
            }
        }
    }
    printf("%d\n", num);
    return 0;
}
```

9.1.7　二分法

二分法的基本思想是通过将问题的搜索范围不断缩小一半而逐步逼近目标元素的位置,它通过比较目标元素与数组或列表中间元素的大小关系,确定目标元素可能存在的区间,然后将搜索范围缩小至该区间的一半。重复这个过程,直到找到目标元素或确定目标元素不存在。

【例 9.5】　分巧克力问题。

问题描述:

儿童节那天有 K 位小朋友到小明家做客。小明拿出了珍藏的巧克力招待小朋友们。

小明一共有 N 块巧克力,其中第 i 块是由 $H_i \times W_i$ 的方格组成的长方形巧克力。为了公平起见,小明需要从这 N 块巧克力中切出 K 块巧克力分给小朋友们。切出的巧克力需要满足:

① 形状是正方形,边长是整数;

② 大小相同。

例如一块 6×5 的巧克力可以切出 6 块 2×2 的巧克力或者 2 块 3×3 的巧克力。

当然,小朋友们都希望得到的巧克力尽可能大,你能帮小明计算出最大的边长是多少吗?

输入描述:

第 1 行包含两个整数 N,K($1 \leqslant N, K \leqslant 10\ 5$)。

以下 N 行每行包含两个整数 H_i, W_i($1 \leqslant H_i, W_i \leqslant 105$)。

输入保证每位小朋友至少能获得一块 1×1 的巧克力。

输出描述:

输出切出的正方形巧克力可能的最大边长。

本题思路比较简单,因此可以直接将题干提供给 Copilot。题解代码和完整解题过程如下：

```
//问题描述：
//儿童节那天有 K 位小朋友到小明家做客。小明拿出了珍藏的巧克力招待小朋友们
//小明一共有 N 块巧克力，其中第 i 块是由 H₁×W₁ 的方格组成的长方形巧克力。为了公平起见，
//小明需要从这 N 块巧克力中切出 K 块巧克力分给小朋友们。切出的巧克力需要满足：
//形状是正方形，边长是整数；
//大小相同
//例如一块 6×5 的巧克力可以切出 6 块 2×2 的巧克力或者 2 块 3×3 的巧克力
//当然，小朋友们都希望得到的巧克力尽可能大，你能帮小明计算出最大的边长是多少吗？
//输入描述：
//第 1 行包含两个整数 N,K (1≤N,K≤10 5 )
//以下 N 行每行包含两个整数 H₁,W₁ (1≤H₁，W₁≤105)
//输入保证每位小朋友至少能获得一块 1×1 的巧克力
//输出描述：
//输出切出的正方形巧克力可能的最大边长
//题解代码如下：
#include <stdio.h>
#include <stdlib.h>
int main() {
    int n, k;
    scanf("%d %d", &n, &k);
    int * h = (int * )malloc(n * sizeof(int));
    int * w = (int * )malloc(n * sizeof(int));
    for (int i = 0; i < n; i++) {
        scanf("%d %d", &h[i], &w[i]);
    }
    int l = 1;
    int r = 1e5;
    while (l < r) {
        int mid = (l + r + 1) >> 1;
        int cnt = 0;
        for (int i = 0; i < n; i++) {
            cnt += (h[i] / mid) * (w[i] / mid);
        }
        if (cnt >= k) {
            l = mid;
        } else {
            r = mid - 1;
        }
    }
    printf("%d\n", l);
    free(h);
    free(w);
    return 0;
}
```

本节探讨了各种常见的算法和数据结构,并讲解了如何应用它们解决不同类型的编程问题,为解决竞赛难题打下了一定的算法基础。

接下来将继续扩展算法知识,进入国际大学生程序设计竞赛(ICPC)的领域。ICPC 是一个世界范围的编程竞赛,涵盖更广泛的算法主题和更复杂的问题。

ICPC 的算法部分将深入研究更高级的算法技巧和数据结构,以解决更具挑战性的问题。下面将进一步探讨动态规划、贪心法、图论算法、网络流算法等高级主题,并讲解如何将它们应用于解决实际问题。

通过学习 ICPC 的算法内容,读者能够处理更加复杂和更具挑战性的编程问题,培养分析和解决问题的能力,提高算法设计和实现的技巧,并在竞赛中展现得更加出色。

◆ 9.2　ICPC 竞赛题自动答题

利用 AI 的能力解答 ICPC 算法题目具有明显的优势。AI 能够高效地分析和处理题目信息,生成具有一定正确性的代码,为参赛者提供解题思路和参考方案。然而,也要注意 AI 在编程领域的局限性,例如,对于某些复杂的算法问题,AI 可能无法提供最优解或无法应对边界情况。因此,在实际应用中,仍需要结合人类智慧,共同努力解决 ICPC 算法题目,推动程序设计竞赛的发展。

9.2.1　ICPC 概述

国际大学生程序设计竞赛(ICPC)是全球极具影响力的大学生计算机竞赛,其竞赛题目的特点在于难度相对较高,需要参赛者具备深厚的编程知识和丰富的实战经验。竞赛题目涉及许多计算机科学与技术领域,包括高级算法设计与分析、数据结构、编程技巧、优化等领域。

解决 ICPC 的问题需要参赛者深入理解并熟练应用各种高级数据结构和复杂算法,具备高级编程能力和快速、精准解决问题的能力。由于 ICPC 竞赛强调团队合作,因此参赛者还需要具备良好的团队合作精神和交流能力。

在 ICPC 中,参赛者需要在短时间内深入理解问题,发现其内在的数学或计算结构,设计并实现高效的算法进行求解。在解题过程中,合理地选择和应用数据结构、算法和编程技巧是取得成功的关键。此外,由于 ICPC 的题目通常具有很高的复杂性,因此参赛者需要具备出色的问题分析和建模能力,以及高效的调试和优化代码的技巧。

为了更好地应对 ICPC 的挑战,参赛者需要具备以下编程知识和技能。

- 编程语言:深入理解至少一种主流编程语言,如 C/C++、Java、Python 等,熟悉其高级语法和特性,熟练使用其标准库和一些主流的第三方库。
- 数据结构与算法:深入理解并熟练应用各种高级数据结构和复杂算法,包括但不限于树状数组、线段树、后缀数组、网络流、图论、数论等。
- 问题建模和抽象能力:能够快速理解复杂的实际问题,将其抽象成计算机科学中的问题,然后使用适当的数据结构和算法求解。
- 调试和优化:能够高效发现和修复代码中的错误,并对代码进行适当的优化,以满足时间和空间的要求。

- **团队合作和沟通能力**：能够在团队中有效地分工和合作，通过良好的沟通共同解决复杂的问题。

下面将深入探讨一些针对 ICPC 的解题方法、技巧和实战经验，这些内容将为参赛者提供解决问题的有效策略，并帮助他们在 ICPC 竞赛中取得良好的成绩。

9.2.2　算法设计方法与应用

下面将针对 ICPC 的解题特性，对枚举法、贪心法、递归法、分治法、递推法、模拟法进行简单的讲解，并给出 AI 实现这些方法的示例。每种方法都有其适用的场景和特点，掌握这些方法能够帮助参赛者更好地应对 ICPC 竞赛的题目。

- **枚举法**：枚举法是一种常见的算法设计方法，它的主要思想是尝试所有可能的解决方案，然后从中选择最优的解决方案。在 ICPC 竞赛中，枚举法常常用于解决小规模的问题，或者作为其他更复杂方法的一部分。
- **贪心法**：贪心法是一种基于局部最优选择的方法，它每次都会做出当前状态下的最优选择，以达到全局最优。贪心法在很多问题中能够得到最优解，但也需要参赛者具备辨识其适用性的能力。
- **递归法**：递归法是一种基于"分而治之"思想的方法，它通过将大问题分解为小问题进行求解。递归法在 ICPC 竞赛中经常用于处理具有递归结构的问题，如树形和图形结构的问题。
- **分治法**：分治法也是一种基于"分而治之"思想的方法，它将问题分解为几个相同或相似的子问题，分别求解子问题，然后合并子问题的解以得到原问题的解。分治法在处理规模较大的问题时具有显著的优势。
- **递推法**：递推法是一种基于前面已知结果而推导后面结果的方法，常常用于处理动态规划问题。递推法在 ICPC 竞赛中的应用十分广泛，是解题的重要工具之一。
- **模拟法**：模拟法是一种基于直接模拟问题的过程进行求解的方法，它需要参赛者精确理解问题的各个细节，以便准确地模拟整个过程。

以上各种方法都有其优点和缺点，适用于不同的问题和场景。在 ICPC 竞赛中，参赛者需要灵活运用这些方法，结合具体问题的特点设计出高效的解题方案。

9.2.3　枚举法

枚举法是一种简单直观的算法思想，其基本思想是有序地尝试每一种可能性，以找到所需的结果，适用于问题规模较小、解空间较小的情况。

【例 9.6】　拨钟问题。

问题描述：

有 9 个时钟，排成一个 3×3 的矩阵，如图 9.1 所示。

现在需要用最少的移动将 9 个时钟的指针都拨到 12 点的位置。总共允许有 9 种不同的移动，如图 9.2 所示，每个移动会将若干时钟的指针沿顺时针方向拨动 $90°$。

例 9.6
视频讲解

输入描述：

9 个整数，表示各时钟指针的起始位置，相邻两个整数之间用单个空格隔开。其中，0 代表 12 点、1 代表 3 点、2 代表 6 点、3 代表 9 点。

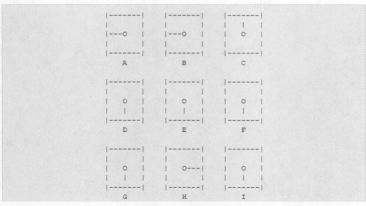

图 9.1　时钟矩阵

移动	影响的时钟
1	ABDE
2	ABC
3	BCEF
4	ADG
5	BDEFH
6	CFI
7	DEGH
8	GHI
9	EFHI

图 9.2　移动影响的时钟

输出描述：

输出一个最短的移动序列,使得 9 个时钟的指针都指向 12 点。按照移动的序号从小到大输出结果。相邻两个整数之间用单个空格隔开。

输入样例：

```
3 3 0
2 2 2
2 1 2
```

输出样例：

```
4 5 8 9
```

引导 Copilot 生成代码的自然语言如下：

```
//有 9 个时钟,排成一个 3×3 的矩阵。现在需要用最少的移动将 9 个时钟的指针都拨到 12 点的
//位置。总共允许有 9 种不同的移动,每个移动会将若干时钟的指针沿顺时针方向拨动 90°
//移动影响的时钟 1 ABDE 2 ABC 3 BCEF 4 ADG 5 BDEFH 6 CFI 7 DEGH 8 GHI 9 EFHI
//输入描述:
//9 个整数,表示各时钟指针的起始位置。起始位置为 0=12 点钟方向,1=3 点钟方向,2=6 点钟方
//向,3=9 点钟方向
//输出描述:
//输出一个最短的移动序列,使得 9 个时钟的指针都指向 12 点。按照移动的序号从小到大
//输出结果。相邻两个整数之间用单个空格隔开
```

使用 Copilot 生成的代码如下：

```
#include <stdio.h>
int main()
{
    int z[10], i[10], sum;
    for (int i = 1; i <= 9; i++)
    {
        scanf("%d", &z[i]);
    }
    for (i[1] = 0; i[1] < 4; i[1]++)
    {
        for (i[2] = 0; i[2] < 4; i[2]++){
        for (i[3] = 0; i[3] < 4; i[3]++){
        for (i[4] = 0; i[4] < 4; i[4]++){
        for (i[5] = 0; i[5] < 4; i[5]++){
        for (i[6] = 0; i[6] < 4; i[6]++){
        for (i[7] = 0; i[7] < 4; i[7]++){
        for (i[8] = 0; i[8] < 4; i[8]++){
        for (i[9] = 0; i[9] < 4; i[9]++){
        sum = 0;
        sum += (z[1] + i[1] + i[2] + i[4]) % 4;
        sum += (z[2] + i[1] + i[2] + i[3] + i[5]) % 4;
        sum += (z[3] + i[2] + i[3] + i[6]) % 4;
        sum += (z[4] + i[1] + i[4] + i[5] + i[7]) % 4;
        sum += (z[5] + i[1] + i[3] + i[5] + i[7] + i[9]) % 4;
        sum += (z[6] + i[3] + i[5] + i[6] + i[9]) % 4;
        sum += (z[7] + i[4] + i[7] + i[8]) % 4;
        sum += (z[8] + i[5] + i[7] + i[8] + i[9]) % 4;
        sum += (z[9] + i[6] + i[8] + i[9]) % 4;
        if (sum == 0){
        for (int j = 1; j <= 9; j++){
        for (int k = 1; k <= i[j]; k++){
        printf("%d ", j);}}
        return 0;}}}}}}}}}
}
```

在以上代码中，Copilot 对于 9 种情况下具体变化的时钟的书写出现了些许问题，可以对相关代码进行人工修改。

9.2.4　贪心法

贪心法的基本思想是在每一步都做出当前看起来最优的选择，以期望最终得到整体最优解。

【例 9.7】　找零问题。

问题描述：

设有 50、20、10、5、1、0.5、0.1 等面额的零钱，顾客购物花了 n 元，在支付$(n/100+1) \times 100$ 元后，收银员应如何找零才能使找回的钱数最少。

输入：n，表示顾客所花的钱数，最多包含一位小数。

输出：找回的零钱数。

样例输入：67.5 243

样例输出：5 4

引导 Copilot 生成代码的自然语言如下：

```
//找零问题
//问题描述：
//设有 50、20、10、5、1、0 .5、0.1 等面额的零钱，顾客购物花了 n 元，在支付(n / 100 + 1)×100
//元后，收银员应如何找零才能使找回的钱数最少
//输入：n，表示顾客所花的钱数，最多包含一位小数
//输出：找回的零钱数
//样例输入：67.5 243
//样例输出：5 4
//使用贪心法
```

使用 Copilot 生成的代码如下：

```c
#include <stdio.h>
double a[7] = {50, 20, 10, 5, 1, 0.5, 0.1};        //面值

int main()
{
    double n;                              //顾客所花的钱数
    scanf("%lf", &n);
    double m = (int)(n/100+1) * 100;       //支付的钱数
    double x = m - n;                      //找回的钱数
    int i = 0;                             //面值的下标
    int count = 0;                         //找回的钱数
    while (x > 0)
    {
        if (x >= a[i])
        {
            x -= a[i];
            count++;
        }
        else
        {
            i++;
        }
    }
    printf("%d", count);
    return 0;
}
```

以上代码出现的注释也是 Copilot 生成的，让 Copilot 生成注释可以更好地理解以上代码。让 Copilot 生成注释的方式是在需要增加注释的地方加"//"，然后输入一个空格，这样 Copilot 就会自动添上注释（加空格的方式只适用于 C 语言，其他语言需要根据自己本身的

注释符来引导 Copilot 生成帮助我们解读的注释)。

9.2.5 递归法

递归法的基本思想是通过将一个问题拆解成规模更小的相似子问题进行求解,它是一种自相似的思维方式,通过不断地将原问题转化为规模更小的同类子问题进行求解,最终达到解决原问题的目的。

【例 9.8】 汉诺塔问题。

问题描述:

相传在古印度圣庙中,有一种称为汉诺塔的游戏。该游戏是在一块铜板装置上有三根杆子并编号 A、B、C,在 A 杆自下而上、由大到小按顺序放置 n 个盘子。

游戏的目标:把 A 杆上的盘子全部移到 C 杆上,并仍保持原有顺序叠好。

操作规则:每次只能移动一个盘子,并且在移动过程中三根杆上都始终保持大盘在下、小盘在上,操作过程中盘子可以置于 A、B、C 任一杆上。

引导 Copilot 生成代码的自然语言如下:

```
//汉诺塔问题是一个经典的递归问题,其目标是将一堆盘子从一个起始柱子通过中间柱子
//移动到目标柱子,同时遵守以下规则:
//每次只能移动一个盘子;
//任何时候大盘子都不能放在小盘子上面。
//思路:
//如果只有一个盘子(n = 1),则可以直接将它从起始柱子移动到目标柱子上。如果有多个盘子
//(n > 1),则可以按照以下步骤进行递归解决:a.将上方的 n - 1 个盘子从起始柱子移动到中
//间柱子上;b.将最大的盘子从起始柱子移动到目标柱子上;c.将中间柱子上的 n - 1 个
//盘子移动到目标柱子上
```

使用 Copilot 生成的代码如下:

```c
#include <stdio.h>
void move(int n, char a, char b, char c)
{
    if (n == 1)
    {
        printf("%c->%c\n", a, c);
    }
    else
    {
        move(n - 1, a, c, b);
        printf("%c->%c\n", a, c);
        move(n - 1, b, a, c);
    }
}
int main()
{
    int n;
    scanf("%d", &n);
    move(n, 'A', 'B', 'C');
    return 0;
}
```

　　在引导 Copilot 解决问题的自然语言中,先写一个"思路:"并加空格,用来引导 Copilot 先生成思路,在生成思路后再进行目标代码的书写,这样可以让 Copilot 具有更多的信息,从而提高代码的正确率。

9.2.6　分治法

　　分法治的基本思想是将一个大问题划分为更小的子问题,然后分别解决这些子问题,并将它们的解合并起来得到原问题的解。

　　【例 9.9】　二分查找。

　　引导 Copilot 生成代码的自然语言如下:

```
//二分查找
//将核心功能利用函数包装
```

　　使用 Copilot 生成的代码如下:

```c
#include <stdio.h>
int binary_search(int a[], int n, int key)          //n 是数组长度,key 是要查找的数
{
    int left = 0;
    int right = n - 1;
    int mid;
    while (left <= right)
    {
        mid = (left + right) / 2;
        if (key == a[mid])
        {
            return mid;
        }
        else if (key < a[mid])
        {
            right = mid - 1;
        }
        else if (key > a[mid])
        {
            left = mid + 1;
        }
    }
    return -1;
}

int main()
{
    int a[10] = {1, 3, 5, 7, 9, 11, 13, 15, 17, 19}; //有序数组
    int key;
    scanf("%d", &key);
    int index = binary_search(a, 10, key);
    if (index == -1)
    {
```

```
        printf("Not found!\n");
    }
    else
    {
        printf("Found it! It's the %dth element.\n", index + 1);
    }
    return 0;
}
```

【例 9.10】 快速排序。

引导 ChatGPT 生成代码的自然语言如下：

用 C 语言实现快速排序。对一个学生结构体中的成绩进行排序,学生结构体中包含姓名、分数、年龄。

ChatGPT 的回答：

当涉及使用 C 语言实现快速排序算法时,需要定义一个适合的数据结构表示学生,并使用该数据结构进行排序。下面是一个使用 C 语言实现快速排序算法以对学生结构体中的成绩进行排序的示例代码：

```c
#include <stdio.h>
#include <stdlib.h>
#include <string.h>

//定义学生结构体
typedef struct {
    char name[50];
    int score;
    int age;
} Student;

//交换两个学生结构体的位置
void swap(Student * a, Student * b) {
    Student temp = * a;
    * a = * b;
    * b = temp;
}

//根据成绩进行分区
int partition(Student arr[], int low, int high) {
    int pivot = arr[high].score;              //以最后一个元素为基准
    int i = low - 1;

    for (int j = low; j <= high - 1; j++) {
        //如果当前元素小于等于基准,将其移到左边区域
        if (arr[j].score <= pivot) {
            i++;
            swap(&arr[i], &arr[j]);
        }
```

```
    }
    swap(&arr[i + 1], &arr[high]);              //将基准元素移到正确的位置
    return i + 1;                               //返回基准元素的索引
}

//快速排序算法
void quickSort(Student arr[], int low, int high) {
    if (low < high) {
        int pi = partition(arr, low, high);     //获取基准元素的索引

        quickSort(arr, low, pi - 1);            //对基准元素左边的子数组进行快速排序
        quickSort(arr, pi + 1, high);           //对基准元素右边的子数组进行快速排序
    }
}

int main() {
    //创建学生数组并初始化
    Student students[] = {
        {"Alice", 80, 22},
        {"Bob", 65, 20},
        {"Charlie", 90, 21},
        {"David", 75, 22},
        {"Eva", 85, 20}
    };

    int numStudents = sizeof(students) / sizeof(students[0]);

    printf("排序前的学生信息:\n");
    for (int i = 0; i < numStudents; i++) {
        printf("姓名:%s,分数:%d,年龄:%d\n", students[i].name, students[i].
score, students[i].age);
    }

    //对学生数组进行快速排序
    quickSort(students, 0, numStudents - 1);

    printf("\n排序后的学生信息:\n");
    for (int i = 0; i < numStudents; i++) {
        printf("姓名:%s,分数:%d,年龄:%d\n", students[i].name, students[i].
score, students[i].age);
    }

    return 0;
}
```

这段代码首先定义了一个 Student 结构体,其中包含姓名、分数和年龄字段,然后实现了 swap 函数以交换两个学生结构体的位置。接下来,partition 函数用于根据分数对学生数组进行分区,并返回基准元素的索引。最后,quickSort 函数使用递归的方式对学生数组进行快速排序。

main 函数中创建了一个学生数组,并初始化了一些学生的信息,然后打印排序前的学生信息。接下来,调用 quickSort 函数对学生数组进行排序。最后,打印排序后的学生信息。

注意:这只是一个简单的示例,实际应用中可能需要根据具体需求进行修改。另外,该示例只根据分数进行排序,如果需要在分数相同的情况下按照其他字段进行排序,则需要对代码进行适当的修改。

在利用 ChatGPT 编写这些比较模板化的代码时,可以对它提出一些个性化的要求,利用好这个功能可以帮助程序员在解决 ICPC 问题上事半功倍。

9.2.7 递推法

递推法的基本思想是通过已知条件和递推关系逐步推导出所求问题的解,它可以分为两种方式:顺推和逆推。

- 顺推:从已知条件出发,根据递推式逐步计算,得到问题的解。具体步骤如下。
① 确定初始条件或已知条件。
② 根据递推式,通过简单的计算或运算规律逐步求解问题。
③ 重复计算直至得到所需的结果。
- 逆推:从问题的解出发,逆向追溯计算过程,找到递推式和已知条件。具体步骤如下。
① 确定所求问题的解。
② 逆向思考,找到问题解与已知条件之间的关系。
③ 推导出递推式,即问题解与前一步解之间的数学关系。
④ 利用递推式和已知条件逐步计算,直至得到初始条件或进一步迭代的结果。

递推的关键是找到递推式,即问题解与已知条件之间的数学关系。这个递推式可以是简单的数学公式,也可以是一系列的迭代步骤。通过递推,复杂的计算问题可以分解为一系列简单的计算步骤,发挥计算机在重复处理方面的优势。

递推法在数学的各个领域中都有广泛的应用,例如数列、递归关系、动态规划等方面,它也是计算机进行数值计算和算法设计的重要方法之一,能够提高计算效率和准确性。

【例 9.11】《翻硬币》游戏。

小明正在玩一个《翻硬币》的游戏。

桌上放着排成一排的若干硬币。用" * "表示正面,用"o"表示反面(是小写英文字母,不是数字)。

例如,可能的情形是:**oo***oooo。

如果同时翻转左边的两个硬币,则变为:oooo***oooo。

现在小明的问题是:如果已知初始状态和要达到的目标状态,则每次只能同时翻转相邻的两个硬币,那么对特定的局面,最少要翻动多少次?

约定:把翻动相邻的两个硬币称为一步操作。

输入格式:

两行等长的字符串,分别表示初始状态和要达到的目标状态。

输出格式:

一个整数,表示最小操作步数。

引导 Copilot 生成代码的自然语言如下:

```
//小明正在玩一个《翻硬币》的游戏。
//桌上放着排成一排的若干硬币。用"＊"表示正面,用"o"表示反面(是小写英文字母,不是数字)。
//例如,可能情形是：＊＊oo ＊＊＊oooo
//如果同时翻转左边的两个硬币,则变为：oooo ＊＊＊oooo
//现在小明的问题是：如果已知初始状态和要达到的目标状态,则每次只能同时翻转相邻的两个
//硬币,那么对特定的局面,最少要翻动多少次?
//约定：把翻动相邻的两个硬币称为一步操作。
//输入格式：
//两行等长的字符串,分别表示初始状态和要达到的目标状态。
//输出格式：
//一个整数,表示最小操作步数
//样例输入 1
//＊＊＊＊＊＊＊＊＊＊
//o＊＊＊＊o＊＊＊＊
//样例输出 1
//5
//样例输入 2
// ＊ o＊＊o＊＊＊o＊＊＊
// ＊ o＊＊＊o＊＊o＊＊＊
//样例输出 2
//1
```

使用 Copilot 生成的代码如下：

```c
# include <stdio.h>
# include <string.h>
int main()
{
    char a[100], b[100];
    scanf("%s", a);
    scanf("%s", b);
    int len = strlen(a);
    int count = 0;
    for (int i = 0; i < len - 1; i++)
    {
        if (a[i] != b[i])
        {
            a[i] = a[i] == '＊' ? 'o' : '＊';
            a[i + 1] = a[i + 1] == '＊' ? 'o' : '＊';
            count++;
        }
    }
    printf("%d", count);
    return 0;
}
```

在这种比较简单是问题上,Copilot 在给出题目之后就可以直接生成正确的代码。

9.2.8　模拟法

模拟法的基本思想是通过构建一个抽象模型模拟现实世界中的某个系统或过程,并使用合适的算法和数据结构实现这个模型。

例 9.12
视频讲解

【例 9.12】　生活大爆炸版石头剪刀布。

问题描述:

石头剪刀布是常见的猜拳游戏:石头胜剪刀,剪刀胜布,布胜石头。如果两个人出拳一样,则不分胜负。在《生活大爆炸》第二季第 8 集中出现了一种石头剪刀布的升级版游戏。升级版游戏在传统基础上增加了两个新手势。

斯波克:《星际迷航》主角之一。

蜥蜴人:《星际迷航》中的反面角色。

这五种手势的胜负关系如下表所示,表中列出的是甲对乙的游戏结果。

列是甲,行是乙	剪刀	石头	布	蜥蜴人	斯波克
剪刀	平	输	赢	赢	输
石头	赢	平	输	赢	输
布	输	赢	平	输	赢
蜥蜴人	输	输	赢	平	赢
斯波克	赢	赢	输	输	平

现在,小 A 和小 B 尝试玩这种升级版的猜拳游戏。已知他们的出拳都是有周期性规律的,但周期长度不一定相等。例如:如果小 A 以"石头-布-石头-剪刀-蜥蜴人-斯波克"长度为 6 的周期出拳,那么他的出拳序列就是"石头-布-石头-剪刀-蜥蜴人-斯波克-石头-布-石头-剪刀-蜥蜴人-斯波克-…",而如果小 B 以"剪刀-石头-布-斯波克-蜥蜴人"长度为 55 的周期出拳,那么他出拳的序列就是"剪刀-石头-布-斯波克-蜥蜴人-剪刀-石头-布-斯波克-蜥蜴人-…"。

已知小 A 和小 B 一共进行 N 次猜拳。每一次赢的人得 1 分,输的得 0 分;平局两人都得 0 分。现请你统计 N 次猜拳结束之后两人的得分。

输入格式:

第 1 行包含 3 个整数 N, N_A, N_B,分别表示共进行 N 次猜拳、小 A 出拳的周期长度,小 B 出拳的周期长度。数与数之间以一个空格分隔。

第 2 行包含 N_A 个整数,表示小 A 出拳的规律,第 3 行包含 N_B 个整数,表示小 B 出拳的规律。其中,0 表示"剪刀",1 表示"石头",2 表示"布",3 表示"蜥蜴人",4 表示"斯波克"。数与数之间以一个空格分隔。

输出格式:

输出一行,包含两个整数,以一个空格分隔,分别表示小 A、小 B 的得分。

引导 Copilot 生成代码的自然语言如下:

```
//石头剪刀布是常见的猜拳游戏:石头胜剪刀,剪刀胜布,布胜石头。如果两个人出拳一样,则不
//分胜负。在《生活大爆炸》第二季第 8 集中出现了一种石头剪刀布的升级版游戏。升级版游戏
```

```
//在传统游戏的基础上，增加了两个新手势。
//斯波克 :《星际迷航》主角之一。
//蜥蜴人 :《星际迷航》中的反面角色。
//这五种手势的胜负关系如表所示，表中列出的是甲对乙的游戏结果。
//小 A 和小 B 尝试玩这种升级版的猜拳游戏。已知他们的出拳都是有周期性规律的，但周期长度
//不一定相等。例如:如果小 A 以"石头–布–石头–剪刀–蜥蜴人–斯波克"长度为 6 的周期出拳，
//那么他的出拳序列就是"石头–布–石头–剪刀–蜥蜴人–斯波克–石头–布–石头–剪刀–蜥蜴人–
//斯波克–..."，而如果小 B 以"剪刀–石头–布–斯波克–蜥蜴人"长度为 55 的周期出拳，那么他出
//拳的序列就是"剪刀–石头–布–斯波克–蜥蜴人–剪刀–石头–布–斯波克–蜥蜴人–..."
//已知小 A 和小 B 一共进行 N 次猜拳。每一次赢的人得 1 分，输的得 0 分;平局两人都得 0 分。
//现请你统计 N 次猜拳结束之后两人的得分。
//输入格式:
//第 1 行包含 3 个整数:N,NA,NB,分别表示共进行 N 次猜拳、小 A 出拳的周期长度,小 B 出拳的周
//期长度。数与数之间以一个空格分隔。
//第 2 行包含 NA 个整数,表示小 A 出拳的规律,第 3 行包含 NB 个整数,表示小 B 出拳的规律。其
//中,0 表示"剪刀",1 表示"石头",2 表示"布",3 表示"蜥蜴人",4 表示"斯波克"。数与数之间以
//一个空格分隔。
//输出格式:
//输出一行,包含两个整数,以一个空格分隔,分别表示小 A、小 B 的得分。
//请为我生成时间复杂度最低的代码
```

使用 Copilot 生成的代码如下:

```c
#include <stdio.h>
#include <stdlib.h>
#include <string.h>

int main() {
  int N, NA, NB;
  scanf("%d %d %d", &N, &NA, &NB);
  int *A = (int *)malloc(sizeof(int) * NA);
  int *B = (int *)malloc(sizeof(int) * NB);
  int i, j;
  for (i = 0; i < NA; i++) {
    scanf("%d", &A[i]);
  }
  for (i = 0; i < NB; i++) {
    scanf("%d", &B[i]);
  }
  int *a = (int *)malloc(sizeof(int) * N);
  int *b = (int *)malloc(sizeof(int) * N);
  for (i = 0; i < N; i++) {
    a[i] = A[i % NA];
    b[i] = B[i % NB];
  }
  int a_win = 0, b_win = 0;
```

```
    for (i = 0; i < N; i++) {
      if (a[i] == b[i]) {
        continue;
      } else if (a[i] == 0) {
        if (b[i] == 1 || b[i] == 4) {
          b_win++;
        } else {
          a_win++;
        }
      } else if (a[i] == 1) {
        if (b[i] == 2 || b[i] == 4) {
          b_win++;
        } else {
          a_win++;
        }
      } else if (a[i] == 2) {
        if (b[i] == 0 || b[i] == 3) {
          b_win++;
        } else {
          a_win++;
        }
      } else if (a[i] == 3) {
        if (b[i] == 0 || b[i] == 1) {
          b_win++;
        } else {
          a_win++;
        }
      } else if (a[i] == 4) {
        if (b[i] == 2 || b[i] == 3) {
          b_win++;
        } else {
          a_win++;
        }
      }
    }
    printf("%d %d", a_win, b_win);
    return 0;
}
```

由于算法题有对更低的时间复杂度的追求，因此，可以像这道题一样在题目之后加上"请为我生成时间复杂度最低的代码"，从而让 AI 给出更好的代码。本题给 Copilot 的提示中没有将每个种类的输赢信息给出，因此 Copilot 给出的和算法题中的需求略有出入，我们需要根据题目中的具体需求再对 Copilot 的代码进行修改，才能得到这道题目的正确代码。

◇ 本 章 小 结

本章深入讲解了蓝桥杯和 ICPC 这两个重要的竞赛，介绍了它们的背景、目标和重要性，详细介绍了蓝桥杯的发展历程，从初赛到决赛的整个过程，以及蓝桥杯在国内外的影响力和地位。同时，深入介绍了 ICPC 国际大学生程序设计竞赛，它作为世界级的计算机竞赛,吸引了全球顶尖大学的精英参与。

　　本章介绍了参加蓝桥杯和 ICPC 竞赛的好处和价值,包括提高算法和编程能力、培养团队合作精神以及展示个人才能和获得就业机会等;介绍了参赛者需要具备的基本知识和技能,并提供了一些参赛的实用建议,如学习常用的数据结构和算法、进行模拟训练和刻意练习等。

　　此外,讲解了竞赛中常见的解题思路和技巧,包括贪心法、动态规划、图论和搜索等;强调了分析问题和设计有效算法的重要性,并提供了一些常见的问题类型和解决方法,如最短路径问题、最大流问题和背包问题等。

　　最后,强调了在竞赛中的团队合作和沟通的重要性,以及如何有效地进行团队协作和分工。

　　通过本章的学习,读者应对蓝桥杯和 ICPC 竞赛有了更深入的了解,熟悉参赛的意义和价值,并掌握一些解题思路和技巧。相信通过不断学习和实践,读者一定能够在竞赛中取得优异的成绩,并在计算机领域取得更大的成功。

◆ 课 后 习 题

　　1. 小蓝要为一条街的住户制作门牌号。这条街一共有 2020 位住户,门牌号从 1 到 2020 编号。小蓝制作门牌的方法是先制作 0 到 9 这几个数字字符,最后根据需要将字符粘贴到门牌上,例如门牌 1017 需要依次粘贴字符 1、0、1、7,即需要 1 个字符 0,2 个字符 1,1 个字符 7。请问:要制作所有的 1 到 2020 号门牌,总共需要多少个字符 2?

　　2. 小蓝每天都锻炼身体。正常情况下,小蓝每天跑 1 千米。如果某天是周一或者月初(1 日),为了激励自己,小蓝要跑 2 千米。如果这一天同时是周一或月初,小蓝也是跑 2 千米。小蓝已经坚持跑步很长时间,从 2000 年 1 月 1 日周六(含)到 2020 年 10 月 1 日周四(含)。请问:这段时间小蓝总共跑了多少千米?

　　3. 克鲁斯卡尔算法是一种用于求解最小生成树的图算法,它通过逐步选择边构建最小生成树,从而连接图中的所有结点,并且保证生成树的总权重最小。请使用 Copilot 写出最小生成树的克鲁斯卡尔算法。

　　4. DFS 算法即深度优先搜索算法,是一种用于图和树等数据结构的遍历算法,它通过从起始结点开始,沿着一条路径一直向下探索,直到无法继续为止,然后回溯到前一个结点,再继续探索其他路径。请使用 Copilot 写出 DFS 算法。

　　5. BFS 算法即广度优先搜索算法,是一种用于图和树等数据结构的遍历算法,它从起始结点开始逐层向外扩展,先访问离起始结点最近的结点,然后依次访问离起始结点更远的结点,直到遍历完所有结点。请使用 Copilot 写出 BFS 算法。

　　6. 作物杂交是作物栽培中的重要一步。已知有 N 种作物(编号 1 至 N),第 i 种作物从播种到成熟的时间为 Ti。作物之间两两可以进行杂交,杂交时间取两种中时间较长的一方。如作物 A 种植时间为 5 天,作物 B 种植时间为 7 天,则 A 和 B 杂交花费的时间为 7 天。作物杂交会产生固定的作物,新产生的作物仍然属于 N 种作物中的一种。

　　初始时,拥有其中 M 种作物的种子(数量无限,支持多次杂交),同时可以进行多个杂交过程。问对于给定的目标种子,最少需要多少天能够得到?

如存在 4 种作物 A、B、C、D,各自的成熟时间为 5 天、7 天、3 天、8 天。初始拥有 A 和 B 两种作物的种子,目标种子为 D,已知杂交情况为 A×B→C 和 A×C→D,则最短的杂交过程为

第 1 天到第 7 天(作物 B 的时间),A×B→C。

第 8 天到第 12 天(作物 A 的时间),A×C→D。

花费 12 天得到作物 D 的种子。

输入描述:

输入的第 1 行包含 4 个整数 N,M,K,T,N 表示作物种类总数(编号 1 至 N),M 表示初始拥有的作物种子类型数量,K 表示可以杂交的方案数,T 表示目标种子的编号。

第 2 行包含 N 个整数,其中第 i 个整数表示第 i 种作物的种植时间 $T_i\ (1 \leq T_i \leq 100)$。

第 3 行包含 M 个整数,分别表示已拥有的种子类型 $K_j\ (1 \leq K_j \leq M)$,K_j 两两不同。

第 4 至 K+3 行,每行包含 3 个整数 A,B,C,表示第 A 类作物和第 B 类作物杂交可以获得第 C 类作物的种子。

其中,$1 \leq N \leq 2000$,$2 \leq M \leq N$,$1 \leq K \leq 10^5$,$1 \leq T \leq N$,保证目标种子一定可以通过杂交得到。

输出描述:

输出一个整数,表示得到目标种子的最短杂交时间。

样例输入:

```
6 2 4 6
5 3 4 6 4 9
1 2
1 2 3
1 3 4
2 3 5
4 5 6
```

样例输出:

```
16
```

7. 给定一棵有 n 个结点的树(结点编号从 1 到 n)。根结点是结点 1。树中的每条边都有一个特定的颜色,由一个从 1 到 10^8 的整数表示。定义树上的路径为礼物路径,当且仅当路径上相邻的边有不同的颜色。此外,定义一个结点为礼物结点,当且仅当以该结点为起点的所有路径都是礼物路径。

有 Q 个问题需要解答。对于每个问题,会给出一个结点 R,请计算结点 R 的子树中有多少个礼物结点。注意:当某个子树中的结点是礼物结点时,只考虑该子树中的路径。

输入:

第 1 行包含一个整数 n(1≤n≤200000)。

接下来的 n−1 行,每行包含 3 个整数 A_i、B_i、C_i(1≤A_i、B_i、C_i≤n,A_i≠B_i),表示一条连

接结点 A_i 和 B_i 的颜色为 C_i 的边。

接下来的一行包含一个整数 $Q(1 \leqslant Q \leqslant 10000)$，表示问题的数量。

接下来的 Q 行，每行包含一个整数 $R_i (1 \leqslant R_i \leqslant n)$，表示想知道以 R_i 为根的子树中有多少个礼物结点。

输出：

输出 Q 行，每行包含一个整数 S_i，表示第 i 个问题的答案。

样例输入：

```
8
1 3 1
2 3 1
3 4 3
4 5 4
5 6 3
6 7 2
6 8 2
2
1
5
```

样例输出：

```
4
2
```

AI 辅助系统设计

软件工程是指导计算机软件开发和维护的一门工程学科,涉及对软件开发、运行和维护的原则、方法和工具的研究与应用。软件工程的目标是通过有效的软件开发过程以及系统化的方法和工具,提高软件的质量、可靠性、可维护性和可扩展性。

◆ 10.1 系统设计过程概述

10.1.1 软件工程方法学

正如成为一名优秀的教师不仅需要相应的知识储备,还需要通过教授学生不断磨炼自己一样,在学习和掌握编程相关知识后,也要不断尝试开发属于自己的产品,从而达到磨炼自我的目的。下面将对软件开发的方法和技术进行详细介绍。

软件工程方法学是指在软件开发过程中使用的一系列规范化和系统化的方法与技术,它提供了一种结构化和可重复使用的方法管理软件项目,并确保软件开发过程的有效性和质量。

软件工程方法学包含三方面的要求(软件工程方法学三要素)。

- 方法:完成开发任务的技术和方法。
- 工具:为运用这一技术或方法而提供的自动或半自动的软件工程支撑环境。
- 过程:为实现高质量软件开发所需实现的一系列任务的框架,包含对于完成各项任务的工作步骤的规定。

接下来是一些 AI 工具在软件开发过程中进行辅助开发示例。

1. 代码生成

AI 工具可以通过学习现有的代码库和模式自动生成代码片段、模块或整个程序的骨架,它可以根据开发者的需求和规范生成符合要求的代码,减少人工编写代码的工作量。

例如,可以通过在 Copilot 中编写注释描述对代码的需求,从而生成相应的代码;也可以在 ChatGPT 中给出具体的代码要求,即可得到相应的代码。下面分别给出的是 Copilot 和 ChatGPT 的应用示例。

使用 Copilot 生成代码的示例如下：

```c
//写一个冒泡排序算法的函数
void bubble_sort(int * arr, int len)
{
    int i, j, temp;
    for (i = 0; i < len - 1; i++)
    {
        for (j = 0; j < len - 1 - i; j++)
        {
            //如果前面的数比后面的数大,就交换
            if (arr[j] > arr[j + 1])
            {
                //交换两个数
                temp = arr[j];
                arr[j] = arr[j + 1];
                arr[j + 1] = temp;
            }
        }
    }
}
```

使用 ChatGPT 生成代码的示例如下：

（在输入框中输入"请用 C 语言写一个冒泡排序算法的函数"，即可生成相应的代码和代码运行的结果：）

```c
//代码部分:
void bubble_sort(int arr[], int size) {
    for (int i = 0; i < size - 1; i++) {            //进行 size-1 轮排序
        for (int j = 0; j < size - 1 - i; j++) {    //每轮排序比较的次数递减
            if (arr[j] > arr[j+1]) {                //如果前面的元素大于后面的元素,则交换它们
                int temp = arr[j];
                arr[j] = arr[j+1];
                arr[j+1] = temp;
            }
        }
    }
}

int main() {
    int arr[] = {5, 3, 8, 2, 1};
    int size = sizeof(arr) / sizeof(arr[0]);
    printf("Before sorting:\n");
    for (int i = 0; i < size; i++) {
        printf("%d ", arr[i]);
    }
    bubble_sort(arr, size);
    printf("\nAfter sorting:\n");
    for (int i = 0; i < size; i++) {
        printf("%d ", arr[i]);
```

```
    }
    return 0;
}
//运行结果部分:
//Before sorting:
//5 3 8 2 1
//After sorting:
//1 2 3 5 8
```

2. 缺陷检测和静态分析

AI 工具可以使用机器学习和数据挖掘技术对代码进行静态分析和缺陷检测，它可以帮助程序员发现潜在的错误、代码的质量问题和不一致性，并提供改进建议和自动修复选项。

下面分别使用 Copilot 和 ChatGPT 对刚刚生成的代码进行缺陷检测和静态分析。

Copilot 对代码进行缺陷检测和静态分析过程的示例如图 10.1 所示。

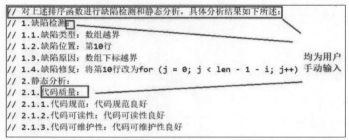

图 10.1　Copilot 对代码进行缺陷检测和静态分析的示例

由于 Copilot 生成的结果与用户所给的前文有关，所以在生成内容与自己的需求不符时，应及时更换语句。

ChatGPT 对代码进行缺陷检测和静态分析过程的示例如图 10.2 所示。

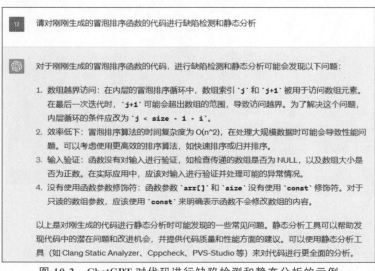

图 10.2　ChatGPT 对代码进行缺陷检测和静态分析的示例

从图 10.2 中可以看到,用户直接输入需求即可,使用过程轻松便捷。

3. 自动化测试生成

AI 工具可以根据代码和规范自动生成测试用例和测试数据,提高测试覆盖率和测试效果,帮助人们减少人工编写测试用例的工作量,加速测试进程。

下面分别使用 Copilot 和 ChatGPT 进行测试用例的生成。

Copilot 对代码进行测试过程的示例如下:

可以发现,在简单提示 Copilot 后,就会自动生成用于测试的主函数,直接运行即可;但是缺点是一次只能输出一个例子,耗时太长。

```c
//下面是测试上述函数的一些测试用例和测试数据示例:
int main()
{
    int i, j, temp;
    int arr[10];
    srand((unsigned)time(NULL));
    for (i = 0; i < 10; i++)
    {
        arr[i] = rand() % 100;
    }
    printf("排序前的数组为:\n");
    for (i = 0; i < 10; i++)
    {
        printf("%d ", arr[i]);
    }
    printf("\n");
    bubble_sort(arr, 10);
    printf("排序后的数组为:\n");
    for (i = 0; i < 10; i++)
    {
        printf("%d ", arr[i]);
    }
    printf("\n");
    return 0;
}
```

ChatGPT 对代码进行测试过程的示例如图 10.3 和图 10.4 所示。

一开始,ChatGPT 会给出所应测试的示例的覆盖范围,想要具体示例,则继续要求"根据以上各种情况分别给出可用于测试的具体示例"即可。

4. 自动化代码审查

AI 工具可以通过静态代码分析和模式识别技术对代码进行自动审查,帮助程序员发现潜在的代码缺陷、错误和安全漏洞,并提供相应的建议和改进措施。

使用 Copilot 和 ChatGPT 进行代码的审查过程如下。

在 Copilot 中直接生成的效果较差,需要多次提示补充,如图 10.5 所示。

在 ChatGPT 中生成的效果更佳,如图 10.6 所示。

ChatGPT 除了可以生成建议之外,还可以自动生成更改后的代码,如下所示:

13 对于刚刚生成的冒泡排序函数的代码，请你根据代码和规范，自动生成测试用例和测试数据，注意要让测试覆盖率和测试效果得到保证。

好的，下面是根据代码和规范生成的一些测试用例和测试数据示例，旨在覆盖不同的情况和边界条件，以确保测试的全面性和有效性。

1. 正常情况下的测试用例：
   - 输入数组为升序排列的情况
   - 输入数组为降序排列的情况
   - 输入数组为随机乱序的情况
2. 边界情况的测试用例：
   - 输入数组为空数组的情况
   - 输入数组只包含一个元素的情况
   - 输入数组包含两个相同元素的情况
   - 输入数组包含多个相同元素的情况
3. 大规模数据测试用例：
   - 输入数组包含大量元素的情况（例如1000个元素），用于测试算法的性能和效率。
4. 特殊情况的测试用例：
   - 输入数组已经部分排序，只需要进行部分冒泡排序的情况（例如已经有一部分元素在正确位置上）。

这些测试用例可以覆盖冒泡排序算法的不同情况和边界条件，从而验证代码的正确性和鲁棒性。你可以根据这些示例来生成更多的测试用例和测试数据，以满足你的具体需求和测试目标。同时，使用适当的测试框架和断言来执行这些测试用例，并比较排序结果与预期结果是否一致，以验证代码的正确性。

图 10.3　ChatGPT 对代码进行测试用例的生成的示例（1）

13 根据以上各种情况分别给出可用于测试的具体示例

当针对冒泡排序函数进行测试时，以下是一些具体示例，涵盖了不同情况和边界条件的测试用例和测试数据：

1. 正常情况下的测试用例：
   - 输入数组为升序排列的情况：
     - 输入：[1, 2, 3, 4, 5]
   - 输入数组为降序排列的情况：
     - 输入：[5, 4, 3, 2, 1]
   - 输入数组为随机乱序的情况：
     - 输入：[3, 1, 5, 2, 4]
2. 边界情况的测试用例：
   - 输入数组为空数组的情况：
     - 输入：[]
   - 输入数组只包含一个元素的情况：
     - 输入：[7]
   - 输入数组包含两个相同元素的情况：
     - 输入：[2, 2]
   - 输入数组包含多个相同元素的情况：
     - 输入：[4, 2, 5, 2, 1, 4, 3, 4]
3. 大规模数据测试用例：
   - 输入数组包含大量元素的情况：
     - 输入：[1000个随机生成的整数]
4. 特殊情况的测试用例：
   - 输入数组已经部分排序，只需要进行部分冒泡排序的情况：
     - 输入：[1, 2, 5, 4, 3, 6, 7]

图 10.4　ChatGPT 对代码进行测试用例的生成的示例（2）

```
//下面是对代码的审核结果：
//1. 代码中的注释不够详细，应该写清楚每一步的操作
//2. 代码中的变量名不够规范，应该写清楚变量的含义
//3. 代码中的缩进不够规范，应该按照规范的缩进方式进行缩进
//4. 代码中的空行不够规范，应该按照规范的空行方式进行空行
//5. 代码中的空格不够规范，应该按照规范的空格方式进行空格
```

```
//下面是对代码的审核结果：
//代码缺陷：
//1.没有对输入的数组进行有效性检查，如果输入的数组为空，或者数组长度为0，程序会崩溃
//建议：
//1.对输入的数组进行有效性检查，如果输入的数组为空，或者数组长度为0，直接返回
```

用户输入部分

图 10.5　Copilot 对代码进行审查的示例

请对我刚刚给出的冒泡排序的代码进行代码审查，发现其中潜在的代码缺陷、错误和安全漏洞，并提供相应的建议和改进措施。

在给出的冒泡排序代码中，我没有发现明显的安全漏洞或严重的代码错误。但是，以下是一些潜在的代码缺陷和改进建议：

1. 输入验证：代码没有对输入进行验证，例如确保数组大小不为负数。在函数开始时，可以添加输入验证来确保传递给函数的参数是有效的。
2. 边界情况处理：如果数组大小为0或1，代码仍然会执行排序操作，这是不必要的。可以在函数开始时检查数组大小，并在大小为0或1时提前返回，避免不必要的排序。
3. 优化冒泡排序：冒泡排序算法的时间复杂度为O(n^2)，对于大型数组可能效率较低。可以考虑其他更高效的排序算法，如快速排序或归并排序，来提高排序的性能。
4. 使用临时变量：交换元素时使用了一个临时变量。然而，可以使用异或运算进行元素的交换，而无需引入额外的变量。这样可以减少内存的使用。

图 10.6　ChatGPT 对代码进行审查的示例

```c
#include <stdio.h>
void bubble_sort(int arr[], int size) {
    if (size <= 1) {
        return;                              //处理边界情况
    }
    for (int i = 0; i < size - 1; i++) {
        int swapped = 0;                     //用于优化的标志位
        for (int j = 0; j < size - 1 - i; j++) {
            if (arr[j] > arr[j+1]) {
                //使用异或运算进行元素交换
                arr[j] ^= arr[j+1];
                arr[j+1] ^= arr[j];
                arr[j] ^= arr[j+1];
                swapped = 1;                 //标记已进行交换
            }
        }
        if (!swapped) {
            break;                           //若未进行交换,则数组已有序,提前退出循环
        }
    }
}
int main() {
    int arr[] = {5, 3, 8, 2, 1};
```

```
        int size = sizeof(arr) / sizeof(arr[0]);
        printf("Before sorting:\n");
        for (int i = 0; i < size; i++) {
            printf("%d ", arr[i]);
        }
        bubble_sort(arr, size);

        printf("\nAfter sorting:\n");
        for (int i = 0; i < size; i++) {
            printf("%d ", arr[i]);
        }
        return 0;
    }
```

5. 智能搜索和调试

AI 工具可以分析代码和运行时产生的数据,帮助程序员定位和修复代码中的错误和故障,提供智能的调试建议、错误跟踪和问题排查,加速故障排除的速度和准确性。

Copilot 在引导下进行智能搜索和调试的结果如图 10.7 所示。

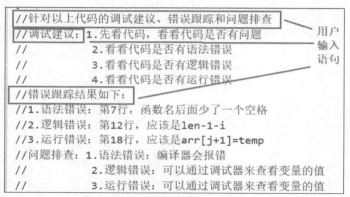

图 10.7　Copilot 进行智能搜索和调试的示例

ChatGPT 对代码进行智能搜索和调试的结果如图 10.8 所示。

>)请对以上代码进行智能搜索和调试,帮我定位和修复代码中的错误和故障。并提供智能的调试建议、错误跟踪和问题排查
>
> 对于这段代码,我将尝试进行智能搜索和调试,帮助您定位和修复可能存在的错误和故障。请稍等片刻。
>
> 经过检查,我发现这段代码没有明显的错误或故障。它实现了冒泡排序算法,并且在测试数组上产生了预期的输出。因此,代码在逻辑上是正确的。
>
> 如果您遇到任何问题或错误,请提供更详细的描述,以便我能够更好地帮助您进行调试和排查。

图 10.8　ChatGPT 进行智能搜索和调试的示例

6. 自动化文档生成

AI 工具可以根据代码和注释的结构和语义自动生成易于理解和维护的文档,提供自动

化的代码文档生成和注释生成,减少人工编写文档的工作量。

在 Copilot 中生成注释的示例如下:

如果已经生成了代码,则可以采用如下方式。当一些简单注释未给出时,只要在语句之后添加注释符号即可自动生成(如果未生成代码,则可在一开始生成代码时就进行提示)。

```c
//下面是每一行都已添加注释的代码
void bubble_sort(int * arr, int len)
{
    int i, j, temp;                          //定义一个临时变量
    for (i = 0; i < len - 1; i++)            //外层循环控制排序趟数
    {
        for (j = 0; j < len - 1 - i; j++)    //内层循环控制每一趟排序多少次
        {
            //如果前面的数比后面的数大,就交换
            if (arr[j] > arr[j + 1])     //相邻元素比较,若前面的数大于后面的数,则交换
            {
                //交换两个数
                temp = arr[j];
                arr[j] = arr[j + 1];         //交换两个数
                arr[j + 1] = temp;           //交换两个数
            }
        }
    }
}
```

ChatGPT 生成的结果如下:

直接让其将上述代码逐行加上注释,使得各行代码更易被理解即可实现。

```c
#include <stdio.h>
void bubble_sort(int arr[], int size) {
    for (int i = 0; i < size - 1; i++) {        //进行 size-1 轮排序
        for (int j = 0; j < size - 1 - i; j++) {//每轮排序比较的次数递减
            if (arr[j] > arr[j+1]) {        //如果前面的元素大于后面的元素,则交换它们
                int temp = arr[j];          //临时变量用于交换两个元素的值
                arr[j] = arr[j+1];          //将较大的元素移到后面
                arr[j+1] = temp;            //将较小的元素移到前面
            }
        }
    }
}
int main() {
    int arr[] = {5, 3, 8, 2, 1};            //定义待排序的数组
    int size = sizeof(arr) / sizeof(arr[0]); //计算数组的大小
    printf("Before sorting:\n");
    for (int i = 0; i < size; i++) {
        printf("%d ", arr[i]);              //打印排序前的数组元素
    }
    bubble_sort(arr, size);                 //调用冒泡排序函数对数组进行排序
    printf("\nAfter sorting:\n");
```

```
    for (int i = 0; i < size; i++) {
        printf("%d ", arr[i]);                    //打印排序后的数组元素
    }
}
```

以下过程中均可按相同方式使用这两种 AI 工具,此处不再给出具体示例。

实现高质量软件开发所需的一系列任务的框架如下。

- 自动化项目管理:AI 工具可以通过数据分析和预测模型帮助程序员进行项目规划、进度管理和资源分配,提供项目进展预测、风险评估和资源优化建议,支持项目管理的自动化。

- 智能协作和知识管理:AI 工具可以通过自然语言处理和知识图谱技术帮助程序员进行协作和知识管理,提供智能的沟通和协作支持,帮助团队成员共享知识、解决问题和做出决策。

- 自动化持续集成和部署:AI 工具可以实现自动化的持续集成和部署流程,帮助程序员自动构建、测试和部署软件,减少人工操作和出错的可能。

目前,传统方法学和面向对象方法学是软件工程领域中广泛使用的两种方法学。下面简单介绍传统方法学(也称生命周期方法学)的基本思想。

传统方法学使用结构化技术(如结构化分析、结构化设计和结构化实现)完成软件开发的各项任务,并借助适当的软件工具或软件工程环境支持结构化技术的应用,它强调软件开发过程中的阶段性和顺序性,并倡导严格的计划、文档化和控制。

这种方法学的开发过程始于对问题的抽象逻辑分析,然后按照严格的顺序逐个阶段地进行开发。每个阶段的任务完成都是开始下一个阶段工作的前提和基础。后一阶段的完成通常会使前一阶段提出的解决方案更加具体化,增加更多的实现细节。每个阶段的开始和结束都有严格的标准。在每个阶段结束之前,必须进行正式的技术审查和管理复审,从技术和管理两方面对开发成果进行检查。只有通过检查,该阶段才算结束;如果未通过检查,则必须进行必要的返工,并再次进行审查。审查的主要标准是每个阶段都应提交与开发的软件完全一致的高质量文档资料,以确保在软件开发工程结束时有一个完整准确的软件配置可交付使用。

传统方法学将软件生命周期划分为若干阶段,每个阶段的任务相对独立且较为简单,有利于不同人员的分工协作,从而降低了软件开发工程的复杂性。采用生命周期方法学可以大大提高软件开发的成功率。因此,传统方法学仍然是人们在开发软件时经常使用的软件工程方法学。

10.1.2　软件生命周期

软件生命周期由软件规格描述、软件开发、软件确认和软件维护四个基本活动组成,每个活动又包含若干阶段,如图 10.9 所示。

软件规格描述阶段的主要任务是确定软件开发工程的总目标,制定实现目标的策略和系统功能,估计所需资源和成本,并制定工程进度表。这个阶段也称系统分析阶段,由系统分析员负责完成。软件规格描述通常分为问题定义、可行性研究和需求分析三个阶段。

软件开发阶段的主要任务是根据前一阶段定义的软件规格进行设计和实现,包括总体

问题定义阶段　　可行性研究阶段　　需求分析阶段　　总体设计阶段　　详细设计阶段　　编码和单元测试阶段　　综合测试阶段　　软件维护阶段

图 10.9　软件生命周期

设计、详细设计和编码三个阶段。

　　软件确认阶段的主要任务是根据规格说明对实现的软件进行测试,包括**单元测试**、**综合测试**等阶段。通常将单元测试与编码阶段合并进行。

　　软件维护阶段的主要任务是使软件持久地满足用户的需求。具体而言,当在使用过程中发现软件的错误时,需要进行修正;当环境发生变化时,需要修改软件以适应新环境;当用户有新的需求时,需要改进软件以满足其需求。

　　下面进一步介绍软件生命周期每个阶段的基本任务,并在案例分析中具体展示 AI 工具在这些方面上的辅助作用。

- **问题定义阶段**:明确解决的问题是什么,提出关于问题性质、工程目标和规模的书面报告,最终目标是得出一份让开发人员和客户都满意的文档。
- **可行性研究阶段**:明确在成本和时间限制条件下,前一阶段确定的问题是否有可行的解决办法。分析员与客户合作提出解决问题的候选方案,并对每个方案从技术、经济、法律和操作等方面进行可行性研究,其结果对客户决定是否继续进行该项目起着重要作用。
- **需求分析阶段**:明确为解决问题,目标系统必须做什么。通过与用户沟通和建模技术,获取用户的真实需求,并准确完整地记录在规格说明书中,该文档通常称为规格说明书,是后续设计和实现目标系统的基础。
- **总体设计阶段**:确定系统架构,给出软件的体系结构,也称概要设计阶段。
- **详细设计阶段**:具体化解决问题的方法,回答如何具体实现系统的问题。该阶段的任务是设计程序的详细规格说明,而不是编写程序。
- **编码和单元测试阶段**:编写正确、易理解和易维护的程序模块,并进行单元测试,以确保模块能正确调用。
- **综合测试阶段**:通过各种类型的测试使软件达到预定的要求,主要包括集成测试和验收测试,前者根据设计的软件结构对经过单元测试验证的模块进行组装,并进行必要的测试;后者由用户按照规格说明书的要求对目标系统进行验收。
- **软件维护阶段**:通过各种必要的维护活动使系统持久地满足用户的要求,包括修正软件中的错误、修改软件以适应环境变化和改进软件以满足新的用户需求。

◇ 10.2　基于大语言模型的编程学习与辅助系统的案例分析

　　本节选择编者团队研发的一款基于大型自然语言处理模型的编程练习辅助方法和系统作为课程设计案例,通过模拟其实现过程展现 AI 辅助系统设计的详细步骤。

10.2.1 问题描述与需求分析

首先,在问题定义阶段需要明确软件的功能,此处拟设计一款可以协助学生学习编程的系统,要实现代码分析、编写代码、改写代码等功能。

接着,是对可行性的研究和分析,在通过与ChatGPT交互后,确认其可行性后即可进一步进行产品的需求分析,如图10.10所示。

> 我们拟设计一款可以协助学生学习编程的系统,要实现代码分析、编写代码、改写代码等功能。
> 请你分析它的功能需求
>
> 根据您的描述,这款学习编程的系统需要实现以下功能需求:
>
> 1. 代码分析功能:系统应该能够分析学生编写的代码,检测并指出潜在的错误、代码风格问题或优化建议。它可以提供静态代码分析和错误提示,帮助学生提高代码质量和可读性。
> 2. 编写代码功能:系统应该提供一个集成开发环境(IDE)或文本编辑器,使学生能够编写、编辑和保存他们的代码文件。IDE或编辑器应该具有代码高亮、自动补全、代码折叠等基本功能,以提升编码效率。
> 3. 代码改写功能:系统可以提供代码改写的建议和示例,帮助学生改进他们的代码风格、逻辑结构和性能。这可以通过提供代码重构建议、优化提示和最佳实践示例来实现。
> 4. 学习资源:系统应该提供学习资料、教程、示例代码和编程练习,帮助学生提升编程技能和理解编程概念。这些资源可以包括文档、视频教程、交互式编程实验和编码挑战。
> 5. 社交互动:系统可以提供一个学习社区或论坛,让学生之间可以相互交流、分享代码、提问问题和寻求帮助。这样的社交功能可以促进学习者之间的互动和合作。
> 6. 进度跟踪和评估:系统应该能够跟踪学生的学习进度,并提供评估和反馈。它可以记录学生完成的任务、编写的代码和通过的练习,以便教师或学生自己评估学习成果。
> 7. 多语言支持:系统应该支持多种编程语言,例如C、C++、Python、Java等,以满足学生学习不同编程语言的需求。
> 8. 用户管理和身份验证:系统应该提供用户管理功能,包括注册、登录、个人资料管理和密码重置等。此外,可以使用身份验证机制确保只有授权用户可以访问系统的特定功能和资源。
> 9. 可扩展性和灵活性:系统应该具备可扩展性,以便在将来添加新功能或支持新的编程语言。它还应该具备灵活性,以适应不同学习者的需求和学习进度。

图10.10 运用ChatGPT进行需求分析的示意

以ChatGPT给出的功能需求作为参考,结合实际情况和调研,汇总成如下分析结果示例。

1. 编程教育领域需求分析

- 易于理解的编程概念解释
- 对用户的代码进行实时反馈
- 交互式练习,以练习编程技能
- 基于用户的技能水平和进度的个性化学习体验

2. 代码优化方面需求分析

- 识别低效代码
- 提供改进代码性能和效率的建议
- 与用户现有的开发工具集成
- 分析和优化大型代码库

注意:在进行功能需求的分析时,首先应根据问题的描述进一步进行需求分析,确定系统目标,对于不清楚的功能需求,需要进行调研以进一步明确,并按照相关标准总结成文档形式,要求全体组员共同参与。

10.2.2 总体设计与详细设计

根据功能需求分析的结果进一步进行总体设计，设计出的系统的总体框架如图 10.11 所示。

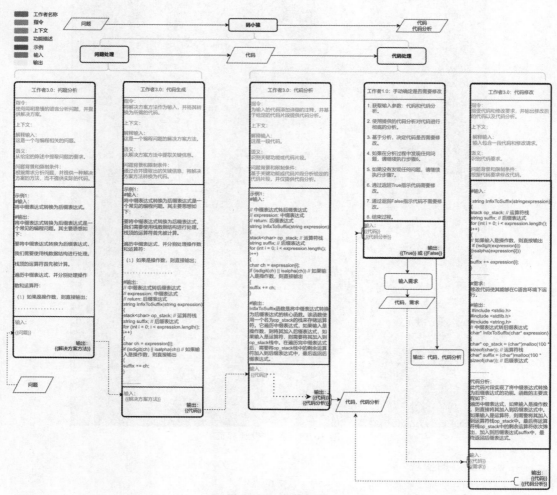

图 10.11 总体框架

接下来，根据总体框架进一步对各个已有功能进行进一步的细化，确定各功能模块的子功能，并在此基础上进一步完成以下工作。

1. 确定主要的数据及其数据结构

本例中涉及的数据包括以下几种。

- **用户需求信息**：应包括功能模块的选择、对代码的要求、待修改的代码等。
- **生成结果**：应包括对代码的解释、生成的符合用户需求的代码、修改后的代码等。
- **反馈信息**：应包括用户针对生成结果的反馈意见及根据用户反馈重新修改后的结果。

2. 确定用户交互的形式

本例中的系统作为微信小程序进行部署，用户修改信息和反馈意见将直接在聊天框中输出，生成和反馈结果由后台调用大语言模型自动生成。

3. 确定系统的界面设计

本系统的界面设计如图 10.12 所示。

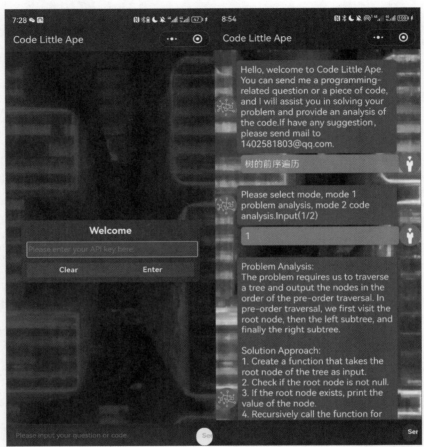

图 10.12　系统设计界面

4. 确定主要的模块

根据模块的功能，本例中的模块分为以下几类。

1）公共模块

- **身份认证模块**：用于实现用户成功登录并使用该系统。该模块中提示用户输入身份信息，即提供 apikey，验证成功后进入聊天界面，即可开始该系统的正式使用。

- **主菜单模块**：该模块用于显示图 10.12 中所示的登录菜单，并返回用户输入的菜单选项。

2）功能模块

第一层：用户界面。用户可以将问题输入给"码小猿"，并获得相应的代码和代码分析，实现高效的学习和代码优化目的。

第二层：核心功能。第一层的具体实现分为两个主要模块——问题处理和代码处理功能。

第三层：工作模块。第二层进一步细分为多个工作模块,实现特定功能。

3）工作者模块

- **问题分析**：将问题转化为解决方案,帮助用户理解问题。
- **代码生成**：将问题解决方案转化为代码,帮助用户学习代码。
- **代码分析**：分析代码,帮助用户理解代码,并为下一步修改代码奠定基础。
- **手动修改评估**：手动确定是否需要修改代码。
- **代码修改**：根据用户要求修改代码,以实现优化目的。

10.2.3　编码

在详细设计的基础上继续完成编码和单元测试阶段的工作。

编码时要注意以下事项。

- **清晰和可读性**：编写清晰、易于理解的代码;使用有意义的变量和函数命名,遵循一致的代码风格和缩进规范;合理使用空白行和注释组织代码并解释关键部分的功能和逻辑。
- **简洁性和可维护性**：避免冗余的代码和复杂的逻辑;尽量将代码拆分为独立的函数和模块,以提高代码的可重用性和可维护性;避免使用过多的全局变量和硬编码的值。
- **输入验证和错误处理**：对于用户输入和外部数据,进行适当的验证和处理错误;确保输入的完整性和合法性,以防出现潜在的安全漏洞和异常情况。
- **注重性能**：使用高效的算法和数据结构提高代码的性能;避免不必要的循环和计算,并减少内存和资源的消耗;考虑代码的时间和空间复杂度,并进行必要的优化。
- **模块化和封装**：将功能相关的代码组织成独立的模块或类;通过封装数据和功能提供清晰的接口和抽象层次,以降低代码的耦合度并促进代码的重用。
- **错误日志和调试信息**：在代码中适当地插入日志语句和调试输出,以便在需要时进行故障排除和错误调试;这些信息可以帮助用户追踪代码执行路径、变量的状态和错误的原因。
- **文档注释**：为函数和类编写清晰的文档注释,描述其功能、输入参数、返回值和使用方法,这样可以帮助其他开发人员理解和正确使用代码,并提供自动生成文档的便利性。
- **测试驱动开发**：采用测试驱动开发（TDD）的方法,在编写代码之前先编写单元测试,这样可以确保代码的正确性和可预期性,并提供一种验证代码的方法。
- **频繁提交和版本控制**：频繁地进行代码提交和版本控制,确保代码的备份和追踪,这样可以在需要时恢复代码,并与团队成员协同工作。
- **持续学习和改进**：不断学习新的编程技术和最佳实践,提高自身的编码水平和技能;关注开发社区的反馈和建议,积极改进代码和提升代码质量。

10.2.4　测试与运行效果

为了评估本产品的性能和效果,进行了小规模测试,并对版本进行了优化。以下是测试分析的几方面。

1. 功能性测试

- 学生提问：如何在 Python 中实现一个简单的计算器程序？
- 预期回答：系统应给出一个准确的回答，指导学生如何在 Python 中实现一个简单的计算器程序。
- 实际回答：系统给出了详细的解答，提供了示例代码和解释，指导学生如何实现所需功能。

2. 精度和准确性测试

- 学生提问：如何在 C++ 中使用指针？
- 预期回答：系统应给出关于在 C++ 中使用指针的详细解释和示例代码。
- 实际回答：系统回答包括关于指针的详细解释和示例代码，准确地回答了学生的问题。

3. 响应时间测试

- 学生提问：如何在 Java 中实现字符串反转？
- 预期回答：系统应在合理的时间范围内给出准确的回答。
- 实际回答：系统在很短的时间内给出了准确的回答，响应时间较短。

4. 可扩展性测试

- 学生提问：如何在 Python 中实现文件读取和写入？
- 预期回答：系统应给出准确的回答，并支持不同的文件读取和写入操作。
- 实际回答：系统给出了关于文件读取和写入的解释和示例代码，支持不同的文件操作。
- 综合评价：通过小规模测试和版本优化，本产品在功能性、精度和准确性、响应时间以及可扩展性方面表现良好。系统能够准确理解学生的提问，并给出详细和准确的回答，满足学生的需求。优化后的版本响应时间更短，并具备一定的可扩展性。然而，本产品还需要进行更大规模和全面的测试，以确保系统在不同场景和需求下的稳定性和可靠性。

5. 运行效果

产品
演示视频

扫描左方的二维码即可观看该小程序的相关演示视频，视频内容包含使用流程和效果展示等。

◆ 本 章 小 结

本章主要介绍了如何使用 AI 工具辅助系统设计，首先以一般设计过程和理念引入了 AI 工具的使用说明，然后介绍了具体操作流程，最后列举了具体的案例分析，帮助读者进一步理解、学习和掌握。

在完成本章内容的学习后，读者应掌握软件工程生命周期各阶段的主要任务及一些基本概念，并在结合案例介绍后领会 AI 辅助系统设计的实际操作过程，掌握相应的开发方法。

最后，读者也可以运用本章介绍的方法和知识尝试开发属于自己的软件。

◈ 课 后 习 题

1. 软件生命周期由_____、_____、_____、_____四个基本活动组成。

2. 软件开发阶段通常包括_____、_____、_____三个阶段。

3. 需求分析阶段要将用户需求记录在_____中。

4. 对程序模块编写的要求不包括(   )。

    A. 正确   B. 易理解   C. 易维护   D. 简略

5. 综合阶段的测试类型主要包括(   )。

    A. 集成测试   B. 演示测试   C. 兼容性测试   D. 功能测试

6. 请问还可以在系统设计过程的哪些步骤中运用 AI 辅助系统设计(结合 10.1 节提供的使用案例进行思考)?

7. 试着用 AI 辅助系统设计出一套虚拟试妆系统(参考意见:可以使用 ChatGPT 进行功能模块的设计、用户使用特定功能模块的具体流程、需求分析、界面设计方面的提示,并运用 ChatGPT 和 Copilot 生成相应的参考代码)。

第 7 题
参考视频

第
11
章

AI 链无代码生产平台 Prompt Sapper

Prompt Sapper 是本书编写团队专门为没有计算机科学背景的人士设计的一款人工智能集成开发环境（IDE），它提供了一系列强大的功能和工具，包括提示中心（Prompt Hub）、引擎管理（Engine Management）、AI 链项目管理（Project Management）、探索视图（Exploration View）、设计视图（Design View）和构建视图（Block View）。

 11.1   Prompt Sapper 功能介绍

11.1.1   提示中心功能

随着人工智能链（AI 链）项目的蓬勃发展，开发者迫切需要提高项目的开发效率和准确性。为满足这一需求，本节将介绍 Sapper IDE 中的提示中心功能，如图 11.1 所示。

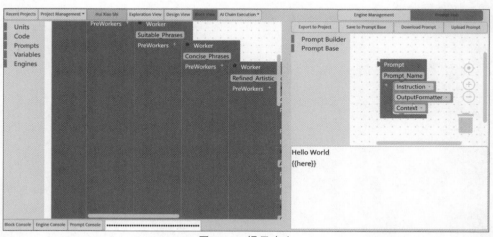

图 11.1   提示中心

1. 结构化提示编辑

在 Sapper IDE 的 Prompt Hub 中，用户可以使用结构化的方式管理提示信息，以提高 AI 链项目开发的效率和准确性。用户可以从以下四方面编辑提示。

• 上下文：定义提示所处的语境和环境，使提示与实际应用场景更加贴合。

- **指令**：明确提示的具体指令或问题，指导 AI 链项目进行正确的操作和输出。
- **示例**：提供相关示例，帮助用户更好地理解和运用提示，确保准确的输入和输出。
- **输出格式**：规定 AI 链项目返回结果的格式和结构，使结果易于理解和使用。

2. 创建、编辑和导出提示

通过 Prompt Builder（提示生成器）和 Prompt Base（提示库）目录，用户可以轻松地创建、编辑和导出提示，以满足具体的 AI 链项目需求。用户可以根据项目要求精确地定义每个提示的上下文、指令、示例和输出格式，并进行实时编辑和调整，以保证提示的准确性和适用性。此外，用户还可以将创建好的提示导出到本地文件，以便在不同设备之间共享和同步使用。

3. 提示中心的功能扩展

未来版本的 Sapper IDE 将引入一些新的功能以扩展提示中心的功能，从而进一步提高开发效率和用户体验，其中包括以下几个。

- **搜索功能**：用户可以使用搜索功能快速查找所需的提示，节省时间和精力。
- **自动提示推荐功能**：基于用户的输入和上下文，IDE 将自动推荐合适的提示，提供更便捷的开发体验和更准确的建议。

11.1.2　引擎管理功能

引擎管理
功能

在 AI 链项目的开发过程中，有效管理和重用引擎是提高开发效率和便利性的关键。为了更好地学习 AI 链的开发过程，本节将介绍 Sapper IDE 中的引擎管理功能，如图 11.2 所示）。

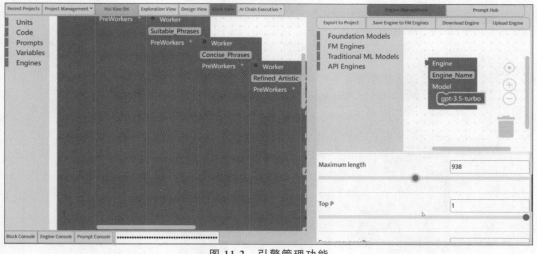

图 11.2　引擎管理功能

1. 引擎共享和重用

Sapper IDE 的引擎管理功能可以使用户轻松地共享和重用各类引擎，包括基础模型、传统机器学习模型（目前正在开发中）和外部 API。通过引擎管理，用户可以在不同的 AI 链项目之间灵活地共享和调用已创建的引擎，从而提高开发效率和重复使用的便利性。这样的共享和重用机制为用户带来了更高的灵活性和可扩展性。

2. FM Engines 工具箱

在 Sapper IDE 的 FM Engines(基础模型引擎)工具箱中,用户可以创建和配置基础模型引擎。IDE 内置 3 个基础模型:gpt-3.5-turbo、text-davinci-003 和 DALL-E,以及 Python 标准 REPL shell。用户可以根据项目需求选择适当的引擎,并根据自己的需要调整参数。例如,用户可以通过调整 Temperature、Maximum Length、Top P、Frequency penalty 和 Presence penalty 等参数控制生成结果的多样性、长度和准确性。

3. 参数调整和保存引擎

通过 Sapper IDE 的引擎管理功能,用户可以轻松地调整引擎的参数以满足特定需求。这些参数的调整可以在 FM Engines 工具箱中完成,并且用户可以实时预览和测试引擎的输出效果。一旦调整完毕,用户可以通过 Save Engine to FM Engine 选项卡将引擎保存起来,以备后续的编辑或导出到其他项目中使用。这样,用户可以方便地重用和共享已配置的引擎,加快项目的开发进程。

4. 引擎的同步和共享

为了方便用户在不同设备之间同步和共享引擎信息,Sapper IDE 的引擎管理功能支持将引擎信息下载到本地文件或从本地文件上传到 IDE。用户可以选择将引擎信息保存在本地,或者从本地导入引擎信息到 IDE 中。用户可以轻松地在不同设备上共享引擎,并确保项目的一致性和可移植性。

项目管理功能

11.1.3　项目管理功能

在 AI 链项目的管理过程中,高效的项目管理工具和功能对于开发者来说至关重要。为了更好地学习 AI 链的管理过程,本节将介绍 Sapper IDE 中的 AI 链项目管理功能,如图 11.3 所示。

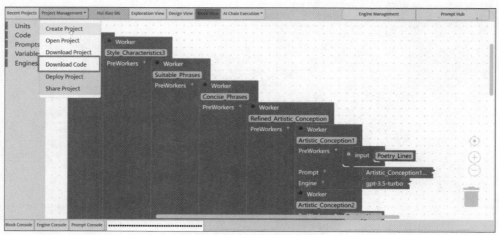

图 11.3　AI 链项目管理

1. 创建新的 AI 链项目

通过 Sapper IDE 的 Project Management 菜单,用户可以轻松地创建新的 AI 链项目。在创建项目时,用户可以指定项目的名称和其他相关信息,并选择所需的引擎和提示。这样,用户可以快速启动新的 AI 链项目,并开始开发和构建令人惊叹的人工智能应用。

2. 本地项目管理和下载

Sapper IDE 提供了便捷的本地项目管理功能。用户可以将当前项目下载到本地磁盘，以便在离线状态下进行编辑和访问。另外，用户也可以在 IDE 中打开本地磁盘上的项目，以便进行项目的管理和更新。这种本地项目管理的灵活性使用户能够更加方便地处理项目文件和资源。

3. 导出 AI 链后台代码

通过单击 Download Code 按钮，用户可以将实现 AI 链的后台代码下载到本地磁盘。这样的操作允许用户将 AI 链的代码用于其他软件项目，以实现更广泛的应用和集成。需要注意的是，执行下载的 AI 链代码需要 Sapper Chain Python 库。

4. 创意 co-pilots 的应用

Sapper IDE 提供了一个创意 co-pilots（与上文提到的 Copilot 插件不同，此处为"副驾驶员"的意思）功能，旨在为项目生成简短的描述和图片。根据用户输入的任务需求和工作者的提示，创意 co-pilots 能够自动生成项目的描述和相关图片，从而提高 AI 链项目的可视化和描述能力。这样的应用可以帮助用户更好地展示和推广他们的 AI 链项目，吸引更多的用户和合作伙伴关注。

5. 共享项目到 AI 链市场（功能开发中）

为了鼓励用户分享和开源 AI 链项目，Sapper IDE 正在开发一个 AI 链市场的功能。一旦该功能上线，用户便能够将自己的 AI 链项目分享到市场，供其他开发者和用户使用与参考。这样的共享机制将促进 AI 链项目的互相学习和合作，推动人工智能应用的发展和普及。

总而言之，Sapper 的提示中心、引擎管理和 AI 链项目管理功能为用户提供了丰富的工具和便利的功能。无论用户是否具备计算机科学背景，都能够通过 Sapper 实现创新和发展，构建令人惊叹的人工智能应用。随着 Sapper 的不断升级和改进，它将成为推动人工智能应用普及化的关键工具，助力用户实现更多的创造和发展。

11.2　Prompt Sapper 视图介绍

探索视图

11.2.1　探索视图

在 AI 链项目的探索和初始设计阶段，探索视图是一个实用的工具，它可以帮助用户获取任务模型和挑战的近似理解，并初步了解任务分解、工作流、输入/输出数据和提示效果。本节将介绍探索视图的相关内容。

在探索视图中，本节将展示一种具有独特功能的聊天机器人，如**图 11.4** 左侧所示。该聊天机器人由一个基于 GPT-3.5 API 的大型语言模型（LLM）驱动，与普通聊天机器人类似。用户可以与该聊天机器人进行各种类型的对话。与传统的聊天机器人不同，探索视图的特殊之处在于它还配备了一个基于 LLM（Language Learning Model，大型语言模型）的 co-pilots，该 co-pilots 的主要任务是自动收集和分析用户与 LLM 之间的对话，并提取与后续 AI 链分析、设计和开发相关的任务背景信息，它可以获取用户所需的功能、用户偏好以及需要避免的事项等。该 co-pilots 本身就是一个基于 LLM（目前为 GPT-3.5）构建的 AI 链服务，它以一种不干预的方式工作，动态记录用户与 LLM 之间的对话，并在任务笔记面板中展示这些记录,如图 **11.4** 右侧所示。探索视图的设计旨在提供一种交互方式,使用户可以与大型语言模型对话,同时收集有关用户需求和任务背景的信息。这种结合了聊天机器人和 co-pilots 的设计为开发 AI 服务提供了更多的便利和灵活性。

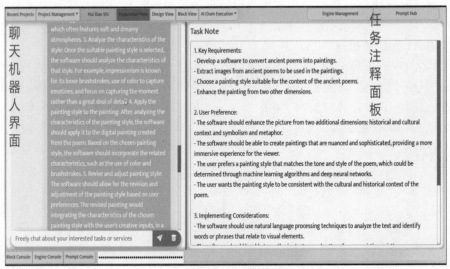

图 11.4　探索视图

使用探索视图的主要步骤如下。

- **进入探索视图**：用户可以通过 Sapper IDE 中的菜单或选项进入探索视图。
- **与聊天机器人对话**：在探索视图的左侧,用户会看到一个聊天机器人界面,类似于常见的聊天机器人接口。用户可以与聊天机器人对话,包括提出问题、讨论需求和任务等。
- **自动收集和分析对话**：与传统的聊天机器人不同,探索视图设计为基于 LLM 的联合试点,它可以自动收集和分析用户与聊天机器人的对话内容,以获取与后续 AI 链设计和开发相关的广泛任务的上下文。
- **获得任务模型和任务挑战**：通过对话收集和分析,探索视图可以提供近似的任务模型和任务挑战,帮助用户初步了解任务分解、工作流、输入/输出数据等。
- **转换和记录笔记**：探索视图的 co-pilots 会记录用户与聊天机器人之间的转换和笔记,这些记录可以在任务注释面板中查看,为后续的 AI 链设计和开发提供参考。

11.2.2　设计视图

设计视图

设计视图在 AI 链项目的设计阶段起着重要的桥梁作用,在探索和构建阶段之间起着承上启下的重要作用。本节将介绍设计视图的相关内容。

设计视图具有两个主要功能：需求分析和 AI 链框架生成。为了支持这些功能,设计视图引入了两个基于 LLM 的主动型 co-pilots。这些 co-pilots 积极与用户互动,协助他们进行需求分析和 AI 链框架生成。在设计视图中,左侧是一个基于 LLM 的需求分析聊天机器人,如图 **11.5** 左侧所示,作为另一个 AI 链服务。与探索视图中的自由式聊天机器人不同,需求分析聊天机器人充当一个不断提问的角色,以帮助用户明确具体任务需求。用户可以在询问框中输入任务描述,然后需求分析聊天机器人会通过一系列的开放式问题引导用户逐步明确任务需求。每轮对话后,聊天机器人都将整合用户回应,并更新任务描述。用户也可以直接在任务需求框中输入已明确的需求,跳过需求分析聊天机器人的引导过程。另外,当用户认为任务需求已经清晰明确时,设计视图提供了一个 Generate AI Chain Skeleton 按钮(图 11.5 右侧),用于生成 AI 链框架。用户单击该按钮后,AI 链框架生成 co-pilots 开始工作,将任务总体描述转换为主要步骤,并为每个步骤提供名称和描述。对于每个步骤,co-pilots 推荐 3 个候选提示,用户可以在此基础上进行修改。用户还可以进行一系列操作,如添加控制流、删除或重新排序步骤等。生成的提示可以通过结构化表单进行编辑,以设置每个步骤的输入和执行引擎。用户可以方便地生成 AI 链的框架,并对其进行进一步的修改和完善。最后,用户可以单击设计视图右下角的 Generate AI Chain 按钮,Sapper IDE 将根据 AI 链框架自动创建工作者,并将它们组装成一个基于积木块的 AI 链。用户可以在编程视图中查看、编辑和执行生成的 AI 链。设计视图旨在支持设计阶段的主要活动,并为用户提供一种可交互和灵活的方式分析需求和生成 AI 链框架。这种结合了需求分析聊天机器人和 AI 链框架生成 co-pilots 的设计,为用户在设计 AI 服务时提供了更多的支持和便利。

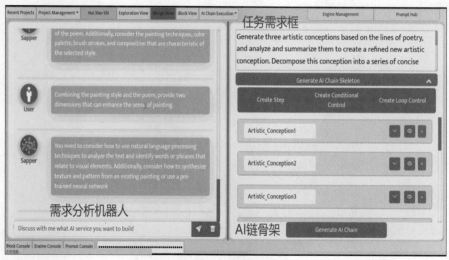

图 11.5　设计视图

使用设计视图的主要步骤如下。

- **进入设计视图**:在 Sapper IDE 中选择设计视图,以开始设计阶段的工作。
- **进行需求分析**:在设计视图的左侧,用户可以看到一个基于 LLM 的需求分析聊天机器人。用户需要在询问框中输入任务描述,以开始与聊天机器人的对话。聊天机器人将通过一系列开放性的问题引导用户逐步明确任务需求。用户每轮的回应都会整合到任务描述中,显示在任务需求框的右上方。如果用户已有明确的需求,则可以直接在任务需求框中输入。
- **生成 AI 链框架**:当用户认为任务需求已经清晰明确时,可以单击任务需求框下方的 Generate AI Chain Skeleton 按钮,这将触发 AI 链框架生成 co-pilots 的工作。该 co-pilots 会将任务总体描述转换为主要步骤,并为每个步骤提供名称和描述。对于每个步骤,co-pilots 会推荐 3 个候选提示,用户可以在此基础上进行修改。用户还可以进行一些操作，如添加控制流、删除或重新排序步骤等。生成的提示可以使用结构化表单进行编辑，以设置每个步骤的输入和执行引擎。

- **完善 AI 链框架**：用户可以对生成的 AI 链框架进行进一步的修改和完善，可以手动添加控制流，设置步骤的执行条件或循环等，可以根据具体需求和任务进行调整。
- **生成 AI 链**：完成对 AI 链框架的编辑后，用户可以单击设计视图右下角的 Generate AI Chain 按钮，Sapper IDE 将根据 AI 链框架自动创建工作者，并将它们组装成一个基于积木块的 AI 链。用户可以在编程视图中查看、编辑和执行生成的 AI 链。

11.2.3　构建视图

在孩子们的房间里，他们欢快地玩耍着一套多彩的积木，这些积木拥有各种形状、大小和颜色，可以通过巧妙的连接构建出一个个令人惊叹的结构。每块积木都有独特的功能和用途，孩子们可以依据自己的创意和想象力将这些积木组装在一起。

与积木类似，基于块的可视化编程在设计视图中也是一种组装过程。用户可以从工具箱中拖曳不同类型的块到编辑器中，然后通过将它们相互连接构建一个 AI 链。本节将介绍构建视图的相关内容，如图 11.6 所示。

构建视图

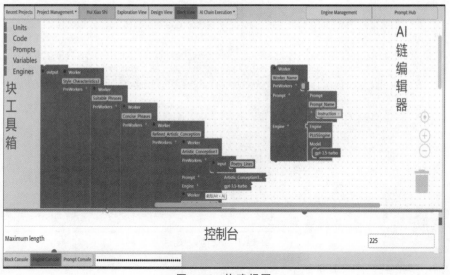

图 11.6　构建视图

可以使用基于块的可视化编程支持 AI 链的实现、执行和调试。当前的实现基于开源的 Blockly 项目。在左侧面板上，用户可以在 Units、Code、Prompts、Variables 和 Engines 工具箱中访问构建块。

- **Worker 块**。AI 链的核心组件是 Worker。用户可以从 Units 工具箱中将新的 Worker 块拖曳到编辑器中。Worker 块由 3 个插槽组成：Preworkers、Prompt 和 Engine。Preworkers 插槽指定了一个 Worker 的输入，可以是 0 个块或多个 Input 块或 Worker 块。Input 块（来自 Code 工具箱）从控制台接收用户输入或将变量用作 Worker 的输入。将 Worker A 连接到另一个 Worker B 的 Preworkers 插槽相当于按顺序运行这两个 Worker，即使用 A 的输出作为 B 的输入。Prompt 插槽可以容纳自然语言提示,提示可以是纯文本、半结构化文本或类似代码的文本形式。Prompt 插槽还可以容纳可执行代码(可以看作一种特殊类型的提示)。Engine 插槽指定用于执行提示的基础模型,或用于运行代码的工具(如 Python 解释器),或代码使用的传统机器学习模型。通过这种 Worker 块设计,可以使用统一的 Worker 块表示 Software 1.0/2.0/3.0 的 Worker。

- **Container 块**。平台设计了 Container 块以表示复合 Worker。用户可以从 Units 工具箱中将新的 Container 块拖曳到编辑器中。Container 块有两个插槽:Preunits 和 Units。Preunits 插槽指定了复合 Worker 的输入,可以是 0 个或多个 Worker,这些 Preunits 将在当前复合 Worker 之前执行。Units 插槽可以容纳一个或多个 Worker 或 Container 块,形成一个 Worker 层次结构,以及用于用户输入和控制结构的任何传统代码块。

- **Code 块**。Code 工具箱包含传统的编程结构,包括控制台输入、控制台输出、赋值、if、for、while 和并行块。用户可以将所需的代码块拖曳到编辑器中,并通过拖曳与 Worker/Container 块进行组装。如果一个 Worker 块需要向最终用户输出信息,则需要将其放置在 Output 块中。然后,该 Worker 的输出将显示在右下角的输出窗口中;否则,Worker 的输出只能在 Worker 执行期间在块控制台中进行检查,而对最终用户不可见。

- **Prompt、Variable 和 Engine 块**。Worker 块使用的提示(Prompt)、变量(Variable)和引擎(Engine)作为显式块在相应的工具箱中进行管理。在 Prompts 和 Engines 工具箱中,用户可以从 Prompt Hub 导入提示和在 Engine Management 中管理的引擎。在 Code 工具箱中,用户可以创建或删除变量。

- **Worker/Container 块**。为了使用户建立和修改 Worker 变得更加直观,所有可视化编程操作都可以直接在 Worker/Container 块上触发。单击每个插槽右侧的"+"图标可以直接添加或编辑相应的插槽块。

- **编辑 AI-Chain**。用户可以通过从工具箱中拖曳块模板将块添加到编辑器中。用户可以通过在编辑器中拖曳块组装它们。用户可以通过单击编辑器右侧的"+""−"和 aim 按钮放大/缩小编辑器或将所选块放置在编辑器的中心。选择一个块并按删除键可以删除一个块。已删除的块可以从编辑器右下角的回收站中恢复。通过右击一个块,用户可以从上下文菜单中复制、删除、折叠或禁用一个块。Worker 和 Container 块可以紧凑形式显示以节省空间(通过上下文菜单中的内联输入)。折叠一个块将把 Worker 显示为结点,这样可以为其他块节省空间,并在查看和编辑复杂的 AI 链时会更加方便。可以通过展开折叠的结点恢复折叠的块。禁用一个块将排除该块的 AI 链执行,这在测试 AI 链中的不同变体 Worker 时非常实用。禁用的块具有灰色网格背景,并可以恢复到正常状态。用户可以通过右击一个块添加评论,该评论可以通过块左上角的"?"图标访问和编辑。

- **运行和调试 AI 链和 Worker**。用户可以通过"运行"菜单运行或调试 AI 链。当一个 Worker 正在运行时,位于 Worker 块左上角的调试信号将亮起。在 Worker 的执行过程中,实际使用的提示和引擎输出将输出到块控制台。执行所需的用户输入将在块控制台中输入。在调试模式下,Worker 将逐个执行。当一个 Worker 完成运行时，执行将暂停，用户可以检查块控制台中的输出是否符合预期。如果结果符合预期，则用户可以继续执行下一个 Worker；或者，用户可以在 Prompt 控制台中修改当前 Worker 的提示，然后重新运行当前 Worker。如果一个 Worker 块放置在一个 Output 块中，则它的输出将显示在右下角的输出窗口中。该窗口不显示未放置在 Output 块中的 Worker 的输出，也不显示提示。块控制台用于帮助 AI 链工程师调试 AI 链，因此包含提示信息和中间执行结果。右下角的输出窗口允许工程师检查最终用户看到的 AI 链输出。

使用构建视图的主要步骤如下。

- **打开 AI 链编辑器**：打开基于 Blockly 的 AI 链编辑器，该编辑器提供了构建和编辑 AI 链的可视化界面。
- **访问工具箱**：在编辑器的左侧面板上找到 Units、Code、Prompts、Variables 和 Engines 工具箱，单击它们以展开各自的构建块。
- **添加 Worker 块**：从 Units 工具箱中拖曳一个 Worker 块到编辑器中。Worker 块是 AI 链的核心组件。
- **配置 Worker 块**：在 Worker 块上有 3 个插槽，分别是 Preworkers、Prompt 和 Engine。根据需求，单击每个插槽右侧的"＋"图标添加或编辑相应的插槽块。
- **连接 Preworkers 插槽**：Preworkers 插槽指定了 Worker 的输入。可以从 Units 工具箱中拖曳 Input 块或 Worker 块到 Preworkers 插槽，按顺序连接多个 Worker。
- **设置 Prompt 插槽**：Prompt 插槽用于提供自然语言提示。可以输入纯文本、半结构化文本或类似代码的文本形式，也可以在 Prompt 插槽中放置可执行代码。
- **指定 Engine 插槽**：Engine 插槽指定用于执行提示的基础模型或工具。可以选择适合的引擎，例如 Python 解释器或其他机器学习模型。
- **添加 Container 块（可选）**：如果需要创建复合 Worker，则可以从 Units 工具箱中拖曳 Container 块到编辑器中。
- **配置 Container 块**：Container 块有两个插槽，分别是 Preunits 和 Units。通过 Preunits 插槽指定复合 Worker 的输入，通过 Units 插槽添加更多的 Worker 或 Container 块以形成层次结构。
- **添加 Code 块（可选）**：如果需要使用传统的编程结构，则可以从 Code 工具箱中拖曳相应的代码块到编辑器中，然后与 Worker/Container 块进行组装。
- **运行和调试 AI 链**：使用编辑器的"运行"菜单可以运行或调试 AI 链。在调试模式下，Worker 将逐个执行，用户可以检查中间执行结果。
- **输出结果（可选）**：如果需要将 Worker 的输出显示给最终用户，则可以将 Worker 块放置在 Output 块中，输出将显示在输出窗口中。
- **调试和修改**：根据需要，可以在块控制台中查看和修改 Worker 的输出，以及对 AI 链进行调试和修改。
- **保存和导出**：在编辑器中完成 AI 链的构建后，可以保存工程（AI 链项目），并根据需要将其导出为可执行的代码或其他格式。